JN070375

基礎知識と実務がマスターできる いまさら シリーズ

Q&A

2024年6月改訂

いまさら人に聞けない

「中古車販売業」
の経営・会計・税務

酒井将人［著］

セルバ出版

改訂3版　は　じ　め　に

　中古車販売に係る会計処理や税務処理に苦手意識を持たれている実務担当者の方も多いと思いますが、「中古車販売業における実務は、仕組みを理解し、処理をパターン化することにより、シンプルに、かつ、効率的に行うことができる」というのが、筆者の基本理念です。

　本書では、取引の仕組みの解説を行うとともに、すぐ実務にお役立ていただけるよう、仕訳処理や残高試算表の推移についても随所でご紹介しています。

　また、解釈が難しい税務に関する論点については、皆様の記憶に残るよう、ただ結論だけをお伝えするのではなく、実際の税務規定をご紹介したあとに、その解釈についての解説を行う形式を採っていますので、実務担当者の方だけでなく、中古車販売店を顧客に持つ会計事務所の担当者の方にも、ご活用いただける内容となっています。

　改訂3版では、令和5年（2023年）10月より導入されたインボイス制度（適格請求書等保存方式）に関する内容を整理し、新たに設けられた当該インボイス制度に関する各種特例制度についてもご紹介しています。

　また、令和4年（2022年）1月より電子帳簿保存法が改正され、帳簿・書類の電子保存の要件が大幅に緩和された一方で、電子取引データの保存義務が令和6年（2024年）1月より本格的にスタートしたことをうけ、当該電子帳簿保存法に関する項目を追加するなど、前回の改訂新版からの増補を行いました。

　本書が中古車販売業に携わる皆様にとって、少しでも有用な存在となれば、筆者にとって、これに過ぎたる喜びはありません。

　なお、本書における各税制に関する内容は、原則として令和6年（2024年）6月30日時点で公表されている法令等に基づいて解説しています。

　令和6年（2024年）6月

酒井　将人

はじめに

第1章　中古車販売業のマネジメント

第2章　中古車販売業の経理ポイント

第3章　販売・売上の実務処理ポイント

第4章　仕入・在庫の実務処理ポイント

第5章　中古車販売業の消費税

第6章　中古車販売業の開業・税金その他

Q1　中古車販売業の経営環境は

Answer Point

♠中古車販売業の経営環境は常に変動しています。

♠インターネット販売が一般化しています。

♠自動車を「保有しない」時代になりつつあります。

♠経営環境とその重要性

　経営環境と聞くと、販売台数の統計や推移といった数字的な要素を真っ先にイメージされる方が多いと思いますが、経営環境とは、文字どおり「企業の経営を取り巻く社会的な環境（情勢、状況）」のことをいうのであって、重要なのは数字を意識することではなく、中古車販売業における経営環境を適正に把握すること、そして経営環境は常に変動を続けているという事実を認識することです。

　ここでは、敢えて具体的な販売台数の統計や推移といった数字には触れず、昨今の中古車販売業を取り巻く環境の一部についてご紹介しますので、自店の置かれている立場を把握し、今後採るべき対応を検討する際に参考にしてください。

♠インターネット販売の一般化とその影響

　筆者が中古車販売業に従事していた十数年前における中古車の販売方法というのは、中古車専門誌に在庫車両を掲載し、店舗への集客を行い、店頭で現車販売するというのが主流でした。

　しかし、昨今は、インターネットによる販売が一般化し、購入者は自宅に居ながら、日本全国の販売店が保有する在庫車両の中から中古車を選ぶことができる時代となりました。

　この「インターネット販売の一般化」という経営環境の変化を販売店の立場から見た場合には、販売エリアが広域化したことを意味し、この販売エリ

アの広域化は、価格競争の激化を生み、企業間の資金力や広告・販売力の差を顕著化させました。

　そして、その結果、中古車販売市場においては、大手中古自動車販売業者に軍配が上がり、廃業を余儀なくされる小規模な販売業者も増加しています。

♠少子高齢化と自動車不保有時代の到来

　2060年には2.5人に1人が65歳以上となることが見込まれているわが国の少子高齢化問題ですが、これは中古車販売業界のみならず、自動車業界全体の経営環境に多大な影響を及ぼす可能性が非常に高い問題であるといえます。

　具体的には、「高齢者の運転免許の自主返納」や「若者の車離れ」などにより運転者そのものの数が減少し、新車、中古車を問わず、自動車販売台数の減少を招く結果となるのです。そして、長期的には、車を保有しないことが当たり前の時代、いわゆる「自動車不保有時代」が到来することも視野に入れておく必要があります。

♠経営環境の変化に応じたビジネス展開

　経営環境に厳しさが増すことが予測される中古車販売業界においては、中古車販売を専業とすることにこだわらず、多様化するニーズに対応するためのビジネス展開を検討する必要があります。

　例えば、自店の在庫車両を活用しての格安レンタカー事業やカーシェアリング事業への参入などについては、既に多くの企業が取り入れています。

♠自動車を取り巻く税制

　エコカー減税や自動車税のグリーン化など、環境保護対策を名目とした経済政策が行われていますが、これらは新車販売の内需回復を目指したものであり、中古車販売業における経営環境に直接よい影響を与えるものではありません。主として取り扱う車種層にもよりますが、税制は一過性のものと捉えて、税制に左右されない強固な経営基盤の確立を目指すことが重要であるといえます。

Q2　中古車販売業の経営課題は

Answer Point

♤兎にも角にも「顧客管理」が大切です。

♤長期在庫をなくし、回転重視の「在庫管理」を意識しましょう。

♤現状分析により課題を見つけることが最大の課題です。

♠顧客管理の重要性

　経営環境がよい時代というのは、一般ユーザーの購買意欲が高く、販売店側も広告宣伝に予算を投入することができるため、どんどん新規顧客が集まり、中古車が売れていきます。しかし、Q1でご説明したとおり、中古車販売業の経営環境というのは、今後厳しさが増すことが予測され、一人ひとりの既存顧客を大切にすること、いわゆる「顧客管理」が全国の中古車販売店にとって共通の経営課題であるといえます。

　既存顧客の車検時期・点検時期の管理、自動車保険の満期時期の管理、ひいては家庭環境の変化時期の管理などを徹底し、販売後のアフターフォローを行うことによって、整備関連売上の増加、保険手数料の増加のみならず、自店での買替え（他店への移行抑止）や新規顧客の紹介へと結びつくのです。

♠在庫管理の重要性

　筆者が過去に勤めていた中古車販売店では、販売実績に応じて営業マンに様々な手当が支給されていたのですが、その中の1つに「長期在庫販売手当」というものがありました。

　これはその名のとおり、長期在庫を販売した際に支給されるもので、具体的には180日を超える在庫車両を販売した営業マンには、30円×在庫日数の手当が支給されていました。例えば、丸2年の間、在庫していた車両を販売した場合には、365日×2年×30円＝21,900円が通常の販売手当とは別に営業マンに支給されるというわけです。

いったい何が言いたいかと申しますと、中古車販売業にとって、長期在庫車両を販売（処分）すること、言い換えれば在庫期間を短くすることは、手当を支給するに値するほど非常に重要であるということです。

♠ 長期在庫は百害あって一利なし

中古車を販売するためには、ある程度の在庫車両を保有する必要があります。その台数は、販売店の規模によって様々ですが、「在庫を持つ＝在庫費用が発生する」ということを常に意識することが大切です。

一時抹消をしていない自社名義の在庫車両であれば、自動車税が課税されてしまいますし、展示場に展示している時点で、そのスペースに対して地代が発生しているということを意識しなければなりません。

長期にわたって在庫することにより、利益率が悪化するだけでなく、「いつも同じ車が並んでいる」といった展示場のイメージダウンにも繋がってしまいますので、まさに「百害あって一利なし」といえます。

♠ 店舗ごとの課題は、課題を見つけること

中古車販売業の経営課題として、「顧客管理」と「在庫管理」という全店舗に共通した内容についてご紹介しましたが、店舗ごとの経営課題とはいったい何なのでしょうか。その答えは、「課題を見つけること」です。そのためには、自店の現状を把握し、分析することが必要となるのです。

筆者は、数多くの中古車販売業の経営者の方とお話させていただき、「車は順調に売れているけれど、手元にお金が残らない」と感じている方が沢山いらっしゃることを知りました。なぜ、そのような事態が起きるのか、その答えは決算書類の中にあるのです。

正しく会計処理を行い、適正に税金を計上することにより、決算書類というのは、単なる紙切れから様々な経営情報を提供してくれる存在へと変わります。

売上台数が足りていないのか、価格設定が甘く粗利率が低すぎるのか、固定費を抑える必要があるのか、まずは、現状分析を行い自店の課題を見つけるところからスタートしましょう。

Q3 中古車販売業の経営戦略は

Answer Point

♧中古車販売業の経営戦略は、生き残り戦略です。

♧お客様の立場に立って考えることが重要です。

♧お客様が来店しやすいイメージづくりが大切です。

♠中古車販売業の経営戦略は生き残り戦略

　経営戦略という言葉は、様々な意味で使われる言葉ですが、中古車販売業においては、「生き残り戦略（競争戦略）」という意味が最も適切であると筆者は考えています。

　中古車販売業というのは、生産者や卸売業者から仕入れた商品を、最終消費者に売る事業、すなわち「小売業」です。

　そして、小売業の世界では、常にライバル店と比較され、お客様に選ばれた（競争に勝った）事業者のみが生き残ることができるのです。

♠具体的な経営戦略

　中古車販売業における具体的な経営戦略は、ほんの少しだけ中古車販売業特有の内容はありますが、基本的な考え方は、一般の小売業と何ら違いはありません。

　お客様のニーズに応じた品揃えや、競合店に対抗できる価格設定、営業マンの接客サービスの品質向上、計画的な販売促進活動など、どの業種にも共通する当たり前のことを当たり前に行うことが、中古車販売業においても地域一番店への近道となります。

　具体的に何をすべきなのかわからなくなってしまったときは、お客様の立場に立って、自店を見つめ直すとよいでしょう。

　なぜなら、どの店舗で購入するのかを決めるのは、あくまでもお客様なのですから。

♣中古車販売業特有の経営戦略

　一般的な小売業の経営戦略については、前述のとおりですが、これだけでは中古車販売業界で生き残ることは難しく、それぞれの店舗の特色を出していくことが必要となります。

　中古車という商品は、国産車と輸入車といった生産国による分類から、コンパクト、ミニバン、セダン、ワゴン、SUV、クーペといったボディ形状による分類など、様々な分類があり、これらの分類の中から、他店との差別化を図るために、自店の色（特色）を出した商品を在庫するという戦略が必要となるわけです。

　例えば、大型グループ店の場合には、在庫を多く保有することができるため、すべての分類を網羅的にカバーし、グループ内の店舗ごとに「ミニバン専門店」、「スポーツカー専門店」といった形で特色を出している店も見られます。

　しかし、小規模店の場合には、保有できる在庫数に限りがある中で、単なる分類だけでなく、いかに自店の特色を出していくかがポイントとなります。

♠徹底したイメージ戦略

　世間の方が中古車販売店に対して持っているイメージというものは、決してよいものではありません。自動車や自動車業界に詳しい方は別として、一般の方は、中古車販売店に対して「何となく信用できない」「店舗に入り辛い」といったマイナスのイメージを持っていることが多く、これは中古車販売という業界が一般の方にとって未知の世界であることが原因といえます。

　それでは、そのイメージを払拭するためには、どのような戦略を展開する必要があるのでしょうか。その答えは、ベールに包まれていた中古車販売店の仕組みや業務内容をオープンにすることです。ウェブサイトなどを活用して、商談から契約までの流れを紹介し、車両購入時の諸費用などについて解説することも非常に効果的です。また、ブログ形式で日々の業務の様子や、季節ごとのキャンペーン内容を紹介するのもよいでしょう。

　ちょっとした手間や工夫を惜しまず、安心感のある、入店しやすい店舗であることをお客様に知っていただくことが、集客へと繋がるのです。

Q4　中古車販売業の経営目標のつくり方は

Answer Point

♤経営目標をつくる前に経営目的を考えましょう。

♤経営目標は、様々な側面から設定しましょう。

♤経営目標は、常にメンテナンス（見直し）が必要です。

♠目標と目的

　「目標」とは、実現・達成を目指すための水準をいいます。一方、「目的」とは、実現しようと目指している事柄をいいます。この2つの言葉は、似て非なるものであり、「目的」を達成するために、「目標」を設定するのです。

　つまり、いきなり経営目標をつくることは不可能であって、まずは経営目的について考えることから始めてみましょう。

　なお、経営目的は「店舗数をどんどん増やしたい」「有名店になりたい」「儲かる店にしたい」など、抽象的な内容で構いません。自店が、どういう中古車販売店になりたいのかをイメージすることが大切なのです。

♠経営目標は中長期目標から

　経営目的について考えたところで、その目的を達成するには何をすべきかを具体的に決めるわけですが、この経営目標は、中長期的な目標からつくるのが鉄則です。

　少し極端な例で考えてみましょう。例えば、「将来的に自分は働かずして、収入を得ることができる中古車屋にしたい」という経営目的があったとします。この場合における中長期的な経営目標とは、自分の取り分（法人経営の場合でいう役員報酬）を差し引いても店舗運営ができるだけの具体的な目標売上高や目標利益を設定することです。

　そして、次に、その中長期目標を目指すためには、今年、今月、今日、何をすべきか、短期的な経営目標を掲げるのです。

♠経営目標は、様々な側面から

　先ほど「将来的に自分は働かずして、収入を得ることができる中古車屋にしたい」という経営目的に対する経営目標の例示として、「売上高や利益」という数値的側面からみた経営目標をご紹介しましたが、これだけでは、この経営目的は達成できません。この経営目的を達成するためには、人材の確保・育成は不可欠ですので、数値的側面だけでなく、人事的側面からも経営目標を検討する必要があります。また、展示場や事務所といった環境的側面からの経営目標なども検討する必要がありそうです。

　このように、中古車販売業における経営目標は、様々な側面から検討し設定する必要があり、それらを1つずつ達成していくことによって、自身が思い描く経営目的の達成に近づいていくことができるのです。

♠経営目標とノルマ

　経営目標と聞くと、真っ先に「ノルマ」という言葉をイメージする方が多いと思いますが、ノルマという言葉は、ロシア語で「目標を達成するために割り当てられる労働基準量」を意味します。

　経営目標とノルマはイコールではありません。経営目標は目指すべき基準点であり、ノルマはその経営目標に到達すべく「課された労働量」なのです。

　例えば、営業マンが1名だけのとある中古車販売店が、経営目標を「月間売上台数10台」に設定したとします。そして、この店舗の来客成約率が20％だとすると、1か月間で50人の来客が必要となるわけです。つまり、ノルマとは、「月間売上台数10台」ではなく、この50人の来客を達成するために行うべき営業活動（問合せ客や既存客への電話やEメールでの営業、知人への紹介依頼、ポスティングなど）の労働量を指し、それこそがその営業マンに課されたノルマなのです。

♠経営目標のメンテナンス

　最後に1つ補足しておきます。経営目標は、一度決めたものをずっと継続するのではなく、経営環境や経営状況の変化に応じて、定期的かつ臨機応変にメンテナンス（見直し）を行うことが重要となります。

Q5 中古車販売業の経営目標達成に効果的な体制は

Answer Point

♤ 目標達成率の把握は、鮮度が命です。
♤ 目標は、皆で達成を目指すものです。

♠経営目標と達成率

　経営目標は、掲げることも大切なことですが、目標というのは、適宜その達成率を把握し、必要に応じて、見直しを行っていくことで、ゴール（目的）に近づいていくものです。

　その達成率という情報は、鮮度が命となりますので、2か月も3か月も経過してから、その月の業績を把握しているようでは話になりません。店舗の規模や経営方針にもよりますが、できれば翌月の10日頃までに、遅くとも翌月末までには、経営目標として掲げた内容の達成率を把握し、その見直しができる体制を整えることが重要となります。

♠経営目標の周知

　経営目標は、経営者が1人で決めて、経営者が1人で達成を目指すものではありません。売上台数に関する経営目標だからといって、営業マンだけに周知すればよいというものでもありません。経営者も営業マンもサービススタッフも事務スタッフも、皆が自店の経営目標を理解・認識し、一丸となってその達成を目指してこそ、経営目標の達成へと繋がるのです。

♠ミーティングの必要性

　経営目標を掲げ、その達成率を把握し、その見直しを行い、それらを全スタッフに周知するためには、ミーティングの場が不可欠です。経営会議などという大それたものでなくてよいので、皆の意見や情報を交換する場を定期的に設定する体制を整備しておきましょう。

Q6 中古車販売業の管理体制は

Answer Point

♤中古車販売業者が管理すべきものはたくさんあります。

♤車販ソフトの導入を検討しましょう。

♤表示管理には細心の注意が必要です。

♠中古車販売業における管理体制とは

　管理体制という言葉に明確な定義は存在しませんが、ここでは「物事を組織的に管理する体制」と定義して、中古車販売業における管理体制について考えてみましょう。

　真っ先に思いつくのは、やはりＱ２の中でその重要性についてご説明した顧客管理と在庫管理ではないでしょうか。この他にも、安全管理、リスク管理、品質管理、人材管理、販売管理、営業管理、売上管理など、中古車販売業者が管理すべきものは数多く存在します。

♠使いこなすと便利な車販ソフト

　中古車販売業者が管理すべきものはたくさんあるということは前述のとおりですが、これらをすべて人の手で行うことは困難となりますので、車販ソフトの導入を検討する必要があります。

　見積書や注文書などを作成するためだけに車販ソフトを導入されている店舗も散見しますが、車販ソフトを導入することの１番のメリットは、各種管理機能を利用することができるという点です。

　車販ソフトは、その機能を上手に活用し、使いこなしてこそ、効果を発揮します。

　無料提供されているものから、自店専用にカスタマイズ可能なものまで、様々な車販ソフトがありますので、ぜひ自店に合った車販ソフトを活用し、日々の管理業務の効率化を図りましょう。

♠表示管理の重要性

　中古車販売業における管理体制の中で最も注意すべき項目、それは自動車公正競争規約に規定する表示管理です。

　表示管理とは、中古車を販売する際に「表示をしなければならない項目」や「表示をしてはいけない事項」などが、ルールに基づいて適正に表示されているかを管理することをいいますが、消費者に販売車両の価格と品質について正しい情報を提供し、また誤解を招く可能性がある表示を行わないことこそが、消費者の信頼を得るうえで、最も基本的で、かつ最も重要なことなのです。

　それでは、具体的には、どのような表示ルールが存在するのか、その一部について、次にご紹介します。

1　表示をしなければならない項目

　自動車公正競争規約には、「店頭展示車の表示とプライスボードの表示」や「広告の表示」などについて、それぞれルールが設けられています。

　消費者が店頭で目にするプライスボードや雑誌広告には、消費者が誤った判断をしないよう、販売価格や車名及び主な仕様区分などを適正に表示しなければなりません。

　また、令和5年（2023年）10月以降は、中古車の販売価格の表示が「支払総額」に変わっていますので、注意が必要です。

2　表示をしてはいけない事項

　実際のものより、取引条件や商品の性能等が優れているかのように表示し、消費者に誤った判断をさせる恐れのある表示を不当表示といいますが、中古車販売業においては、当然にこういった不当表示は禁止されています。

　メーターを巻き戻して走行距離を少なく表示する行為や、「事故車（修復歴車）は販売いたしません」と表示しながら、事故車（修復歴車）を販売する行為などが、これに当たります。

　なお、ここでご紹介した内容は、その中のほんの一部にしか過ぎません。

　したがって、詳しくは、一般社団法人自動車公正取引協議会のウェブサイトなどを随時確認し、改正ポイントなどの情報収集に努めるようにしてください。

Q7 中古車販売店の店長の役割は

Answer Point

♤自分が売るのではなく、部下に売らせることが重要です。
♤店長にしかできない役目があります。

♠優秀な部下の存在こそが店長の評価

中古車販売店の店長は毎日大忙しです。商品の管理、資金の管理、情報の管理など、やるべき仕事はたくさんあります。その中で、中古車販売店の店長に求められる最大の役割、それは「部下のマネジメント」です。

部下の能力を最大限に引き出して、業績を上げることが、中古車販売店を成長させる最短距離であり、それを任されているのが店長というポジションなのです。もちろん、部下を指導すること、指示して働かせることだけがマネジメントではありません。部下が働きやすい環境を準備し、様々な側面から部下を育成すること、店長自らが売るのではなく、部下に売らせることこそが、店長の役割なのです。

♠最終決定権を持つ責任者

店長の役割というのは、前述のとおりですが、もう1つだけ店長には大切な役割、店長にしかできない役目があります。

それは、責任者たる店長としての立ち居振る舞いを見せるということです。お客様は、店長とは当然に様々な面での責任者である考えています。したがって、例えば、値引交渉やクレーム対応で営業マンがお客様の対応をしている際には、自らが前に出るのではなく「責任者としての店長」をお客様に対し、また、従業員に対しても見せることで、その商談を成立させ、またそのクレーム対応を円満解決させる最後の受け皿となる必要があります。

このことが、結果として、店長自らが売るのではなく、部下に売らせることとなり、優秀な部下を育てるマネジメントにも繋がるのです。

Q8 中古車販売業の個人経営と法人経営のメリット・デメリットは

Answer Point

♤個人経営と法人経営は、表裏一体の関係です。

♤法人経営の１番のメリットは、相手に与える信頼度の高さです。

♤総合的なメリット・デメリットは、個別検討が必要です。

♠個人経営と法人経営

　中古車販売業に限らず、事業を開始する際は、まずその形態を決めることから始めます。手軽に個人事業主としてスタートするか、法人を設立するか、それぞれのメリットとデメリットを十分に把握したうえで、自分に合った開業形態を選択しましょう。

　また、当初は個人事業主として事業をスタートして、規模や業績の拡大に応じて法人経営に切り替える方法（法人成り）も選択肢に挙げておくとよいでしょう。

♠個人経営のメリットとデメリット

　個人経営として中古車販売業を行うことのメリットは、手軽に事業を開始することができるという点です。最低限の手続は必要となりますが、「事業を始めたい」と思い立ったら直ぐに開業することができ、事業を行っている期間中における確定申告などの事務負担も少なく、廃業する際にも大した手続なく事業を辞めることができるという手軽さこそが、個人経営の最大のメリットなのです。

　では、個人経営のデメリットは何なのか。それは、この後にご紹介する「法人経営のメリット」を享受することができない点です。当たり前のことかもしれませんが、個人経営と法人経営は表裏一体の関係にありますので、一方のメリットが、もう一方のデメリットであり、一方のデメリットが、もう一方のメリットになるという関係性なのです。

♠法人経営のメリット（経営面）

　法人経営の最大のメリットは、相手に与える印象がよいこと、言い換えれば、法人経営であるというだけで、個人経営より信頼度が高いことです。

　これは、何もお客様に与える印象がよいということだけでなく、金融機関から事業資金の融資を受ける際にも、スタッフを採用するために求人を出した際にも、そのメリットを享受することができます。

♠法人経営のメリット（税金面）

　「法人経営のメリット」については、よく質問を受けます。その大半は、「税金が安くなりますか」といった税務上のメリットに関するご質問です。

　しかし、一言で税金といっても、法人税、消費税のみならず、個人に対して課される所得税など、法人の事業活動には複数の税金が関連します。

　また、経営者の家族構成や所得状況はどうなっているのかなど、様々な要素によって異なってきますので、一概にどちらが得とは言い切れません。

　ここでは一般論として、業績がよくなればよくなるほど、事業規模が大きくなれば大きくなるほど、税務上は法人経営のほうが有利になる「可能性が高い」ということだけ申し上げておきます。

♠法人経営のデメリット

　法人経営のデメリットは、事務負担と金銭的な経費負担の両方の意味で「いろいろと面倒で負担が大きい」という点です。

　設立時や廃業時はもちろんのこと、社会保険への加入義務や会計処理・申告処理、そして会社組織に関する手続など、個人経営と比較すると、とにかく処理や手続に関する事務負担と経費負担が大きいと考えておいたほうがよいでしょう。

♠個人経営と法人経営はどちらがよいか

　では、結果的にどちらがよいのか。それは、前述のメリットとデメリットのほか、自店の現状や、今後の経営目的とする将来的な事業規模などによって異なりますので、個別に、かつ慎重に検討する必要があります。

Q9 中古車販売業における新規出店時・撤退時のポイントは

Answer Point

♤新規出店なくして成長は不可能です。

♤前向きな撤退もあります。

♠中古車販売業における新規出店の意味

　中古車販売業において企業が成長を目指すとき、既存店舗のみの成長率には限界があります。これは、中古車販売業に限ったことではなく、店舗販売を行う小売業においては同じことがいえます。見方を変えれば、中古車販売業というのは、新規出店を行うことによって、事業拡大可能な拡張性の高いビジネスモデルなのです。

　したがって、事業拡大を狙う方は、新規出店を検討するのもよいでしょう。

♠新規出店時ポイント① 取扱車種とマーケティング

　中古車販売業において新規出店を行う目的というのは、事業拡大に他ならないのですが、一言で事業拡大といってもその理由は様々で、既存の店舗が手狭になってきたことによる規模の拡大、取扱車種を増やすための守備範囲の拡充、そして、取扱車種の一部を独立店化させることによる特色の分離などが挙げられます。

　そして、これらを理由として新規出店を行う際には、新たに出店する店舗で取り扱う予定である車種に応じたマーケティングを行うことが、最重要ポイントとなります。

　店舗を構えるということは、店舗周辺で生活や仕事をしている消費者がメインの顧客対象となりますので、新店舗で取り扱う予定の車種が、その地域のマーケットと合致しているかを慎重に見極めることが大切なのです。

　高級住宅街と呼ばれる地域には高級輸入車の専門店が、軽自動車を登録する際に車庫証明書が不要である地域には軽自動車の専門店が、それぞれ多く

存在するのには、それなりの理由があるということです。

♠新規出店時ポイント②　場所選び

　新規に中古車販売店を出店する際の2つ目のポイントは、「場所選び」です。大通りに面した場所であれば、どの程度の交通量があるか、夜間における周りの明るさや雰囲気はどうかなど、いわゆる「立地特性」を見極めることが重要であることはいうまでもありません。

　しかし、中古車販売店の場合においては、ただ単純に立地特性だけで新規出店場所を選ぶべきではありません。中古車販売店を新規出店する際には、必ず近隣の「競合店」と「協力店」の存在についても下調べしておくようにしましょう。

　なお、競合店とは、同業他店のことをいい、協力店とは、業務提携可能な自動車整備工場や板金塗装業者などをいいます。

♠新規出店時ポイント③　お客様目線

　多額の予算を投入して、新規出店を行う目的は、より多くの中古車を販売し、より多くの利益を上げることです。そのためには、より多くのお客様にご来店いただく必要がありますから、新規出店時の店舗づくりは、常にお客様の目線で行うことが重要となります。

　お客様にとってわかりやすく、入りやすく、そして居心地のよい店舗づくりを心がけることが、新規出店を成功させる要諦です。

♠中古車販売業における店舗撤退

　中古車販売業において、店舗撤退をする際の理由の中で最も多いのは、不採算店舗の閉鎖です。業績回復の見込みが立たない不採算店舗は、思い切って閉鎖することも賢明な経営判断であるといえます。

　しかし、店舗撤退の理由は、何も不採算だけではありません。採算が採れている店舗であっても、投資回収が終了し、展示場や設備の老朽化が進む店舗がある場合には、時代や環境の変化に応じた最適な事業展開を行うことができる場所への移転を理由とする撤退を検討することも重要となります。

Q 10　中古車販売店における整備工場の運営ポイントは

Answer Point

♤整備業務を外注するか自店で行うかの検討が必要です。

♤整備工場の稼働率を把握することが大切です。

♤整備工場の部門別損益を把握するようにしましょう。

♠中古車販売店における外注整備と自店整備

　中古車販売店における整備業務は、主に、在庫車両の展示整備と納車整備、既存顧客からの依頼整備（有償またはクレーム）が存在します。もっとも、これらを外注している店舗もあれば、整備工場を持って自店整備を行っている店舗もあり、様々です。これは、どちらが正解というわけではなく、基本的な考え方としては、規模の拡大に応じて自店整備の体制を整えていく方針がよいでしょう。

　ただし、低年式の輸入車などといった特殊な車両を扱うような店舗においては、その規模にかかわらず外注整備を選択したほうがよいケースもありますので、個別に検討が必要となります。

♠自店整備のメリット

　自店で整備工場を持って整備業務を自店で完結させることの主なメリットは、外注費が削減できること、そしてお客様からの急な依頼にも迅速に対応できることの2つです。しかし、後者のメリットは、外注先の協力店との連携を深めることによって、ある程度はカバーすることができますので、外注費の削減こそが最大のメリットといえます。

　また、ある程度の整備が自店でできることは、お客様に安心感を与えます。中古車両の状況をきちんと把握した上で販売していると考えるからです。これは、金銭的なメリットではないですが、お客様の信頼を得ることで、将来のリピート販売や紹介販売へ繋がるものと筆者は考えています。

♠整備工場の規模は様々

　一言で整備工場といっても、検査ラインを備えた指定工場から、店舗脇の
スペースに2柱リフトを設置し、クイックな整備業務のみに対応する簡易工
場まで、その規模は様々です。大小様々な規模の整備工場を使い分けて、各
店舗の業態に合わせた無駄のない整備体制を整えることが、中古車販売店に
おける整備工場の運営では重要となります。

♠整備工場の稼働率

　自店で整備工場を持つことの最大のメリットは、外注費の削減であること
は前述のとおりですが、整備工場の規模にかかわらず、自店整備を行うと
いうことは、整備スタッフの人件費を含む固定費の支出が必要となります。
　外注費を削減し、それ以上の固定費を支出していては、元も子もない話と
なりますので、整備工場の稼働率が80％前後となることを目安に、自社整
備の体制を検討するとよいでしょう。整備スケジュールの打合せや、工場の
清掃、工具のメンテナンスなど、整備工場内にも間接業務が必ず発生します
ので、稼働率100％を目指す必要はありません。
　なお、整備工場の稼働率計算は、大雑把で構いません。例えば、整備スタッ
フが2名の整備工場において、月に250時間分の整備関連業務が発生して
いたケースでは、250時間÷320時間（20日×8時間×2名）＝78％と
いう程度の計算で、ある程度の稼働率を把握することができます。

♠部門別損益の把握

　整備工場の稼働率が確認できたところで、次は、工場部門の損益状況を把
握します。部門別損益を把握する方法としては、営業部門と工場部門を分け
て管理する部門別管理を行うとよいでしょう。
　会計ソフトに部門設定をし、記帳処理の際に部門名の入力をすることで工
場部門の損益を簡単にピックアップして把握することができます。
　また、より厳密に管理したいという場合には、内部売上を計上する方法が
あります。これは、工場側で「営業部門への売上」を、営業側で「工場への
外注費」を計上する方法で、より正確に損益状況を把握することが可能です。

Q11 中古車販売店における間接部門の運営ポイントは

Answer Point

- ♤間接部門は業務効率化を追求しましょう。
- ♤業務の種類ごとに作業日を決めましょう。
- ♤事務コストの削減に努めましょう。

♠中古車販売店における間接部門とは

　間接部門とは、企業などの組織において、直接部門の業務を支援する部門として位置づけられ、経理・総務・人事・情報システムといった業務を担当し、いわゆる裏方的存在であるといえます。

　中古車販売店においては、この経理業務を中心とした間接部門の重要性が非常に高く、これらを効率よく、スムーズに運営することが、事業成功の秘訣といっても過言ではありません。

♠中規模店・小規模店における間接部門

　間接部門と聞くと、どうしても「経理部」、「総務部」そして「人事部」といった企業組織としてのイメージが強くなってしまいます。しかし、実際には、1人の事務スタッフが経理業務、総務業務などをすべて兼務しているケースや、経営者自らが経理業務を行っているケースがほとんどです。

　ここでは、「間接部門」という表現を用いていますが、これからご紹介する内容は、こういった中規模店・小規模店においても参考にしていただきたい内容であり、「間接部門」を「間接業務」と読み替えて、経理業務や総務業務に関するポイントとしてお読みください。

♠業務効率化の追求

　中古車販売店における間接部門の運営ポイントは、「業務効率化」を図ることに他なりません。直接売上を生まない間接部門だからこそ、効率的に業

務を行うことによって直接部門のサポートをするのです。

　具体的には、定型的な処理をパターン化し、車販ソフトだけでなく財務会計ソフトや給与計算ソフトをフル活用して、業務効率化を目指します。

　特に財務会計ソフトについては、事前によくある取引を登録することができる機能や、以前にあった同様の取引を入力した伝票を複製する機能が備わっていますので、これらを積極的に活用することで、かなりの業務効率化を図ることができます。

　第2章以降でご紹介している取引ごとの仕訳処理を参考に、自店において頻繁に発生するであろう取引をチェックしてみてください。

♠業務の種類ごとに作業する日を決める

　複数の種類の担当業務がある場合、いろいろなことを少しずつ進めていく方法と、業務の種類ごとにある程度まとまった作業量になってからその業務の種類ごとに作業を行う方法とがありますが、少なくとも、中古車販売業における間接部門の業務については後者の方法が効率的です。

　例えば、外注費の請求書が届いたら銀行へ行く、営業から注文書が回ってきたら売上伝票を起票するという担当業務があった場合、その都度行っていては非常に効率が悪いので、月に1回、決めた日に1か月分をまとめて行うことで十分であり、その都度行うよりはるかに効率的といえます。

♠事務コスト軽減

　中古車販売業において業績をよくする方法は、売上を伸ばすことが1番手っ取り早いことはいうまでもありませんが、間接部門において業績向上の手助けをする方法があります。それは、事務コストを削減することです。

　利益というものは、売上から仕入と経費を差し引いて算出される仕組みとなっているのですから、間接部門として、この経費を減らすことは、業績向上の大きな貢献といえます。

　中古車販売業を取り巻く経営環境が非常に厳しい状況の中、売上を伸ばすことは、そう簡単なものではありません。したがって、間接部門において事務コスト削減の意識を持つことは、非常に大切なことなのです。

Q 12　中古車販売業の経理業務のポイントは

Answer Point

♤複合取引は分解して考えましょう。

♤ "相当額" には注意が必要です。

♤会計ソフトを導入しましょう。

♠中古車販売業の特殊な経理処理

　中古車販売業の経理処理というのは、業界特有の取引が多く、会計の知識と経理業務経験のある方でも頭を抱えてしまうことが少なくありません。

　しかし、中古車販売業に特有の処理をマスターし、きちんと経理処理の仕組みづくりを行うことにより、特殊で煩雑に思えた中古車販売業の経理処理が、一般的な業種の経理処理と何ら変わりがないことがおわかりいただけると思います。

♠中古車販売と複合取引

　複合取引とは、異なる種類の取引を同一の契約書等で締結している取引のことをいいますが、中古車販売取引は正にこの複合取引に該当し、この複合取引こそが、中古車販売業の経理処理を煩雑にしている要因なのです。

　例えば、1台の中古車の売買が成立し、注文書を取り交わしたとしましょう。この1枚の注文書の中には、「車を買います」「自動車保険に加入します」、そして「整備と登録業務をお願いします」といった様々な取引内容が混在しています。こうした複合取引を、各個別取引に分解して考えることさえ意識しておけば、中古車販売業の経理処理は、決して煩雑なものではありません。

♠中古車販売と相当額

　中古車販売業の経理業務を理解する上で、非常に重要となってくるのが、"相当額" の考え方です。

最もわかりやすい自動車税を例にして考えてみますと、中古車を販売する際には、月割で自動車税を受け取りますが、この月割自動車税の受取りには２つのケースがあります。

　まず１つ目は、登録の際に必要な自動車税をお客様から預かって、実際に登録時に納めるケースです。この場合は、預かった自動車税代金をそのまま納めるだけなので、特に特殊な論点はありません。

　２つ目は、月割で自動車税を受け取ったにもかかわらず、その代金はどこにも納めずに、いわゆる貰い得になるケースです。

　後者は、車検が残っている中古車を販売した際に起こるケースで、お客様から受け取ったのは自動車税としてではなく、自動車税“相当額”という名目で受け取った代金であり、売上の一部として取り扱うことになります。

♠中古車仕入と相当額

　前述の自動車税相当額の考え方は、中古車を仕入れる際にも生じます。手元にあるオークション精算書をご覧になってください。請求項目の中に「自税相当額」という項目が確認いただけると思いますが、車検が残っている車両を仕入れた際には、自動車税“相当額”を支払っているのです。そして、この自動車税“相当額”は、仕入の一部として取り扱うことになります。

　具体的な経理処理などは、第３章以降で詳しくご紹介しますが、まずここでは、「“相当額”には注意が必要である」ということだけ押さえておいてください。

♠中古車販売と会計ソフト

　これは中古車販売業に限ったお話ではありませんが、経理・会計処理を自店で行うためには、会計ソフトの導入は必須です。特に、中古車販売業の経理処理においては、各取引のパターンを把握し、それに合わせて会計ソフトの機能を設定することにより、日々の経理業務が円滑化します。

　会計ソフトを有効に活用できるか否かは、その設定次第となりますので、後章でご紹介している処理方法を参考に、自店にあった科目体系や、仕訳パターン登録などを整理して行うようにしてください。

Q 13　小規模店における簡便的な経理処理は

Answer Point

♧決算書を誰のためにつくるべきか考えましょう。

♧税務申告は、最終利益が重要です。

♧簡便処理は、自店の業績把握には適しません。

♠シンプルさを優先した経理処理

　本書でご紹介している経理処理は、処理の効率化を実現することを追求しつつも、経営者が自店の業績を的確に把握することができ、また税務署はもちろんのこと、金融機関などの第三者に対しても適正に業績を開示するための決算書の作成を前提とした内容となっています。

　ただ、一方で、専門の経理スタッフが存在しない小規模店などにおいて、経理業務を兼務する経営者またはその親族が会計処理を行う場合などには、よりシンプルさを優先した経理処理が求められるケースも想定されます。

♠誰のために決算書をつくるのか

　決算書とは、会社の利益や経営状況を示す、いわゆる成績表の意味合いを持つ書類のことで、その主たるものは貸借対照表と損益計算書であり、本来、この決算書は株主や債権者への報告のために作成されるべきものです。

　しかし、同族経営で親族以外に株主がおらず、無借金経営を行っている小規模店では、株主は親族であり、債権者も存在しないわけですから、自店の業績把握と税務申告を主たる目的として決算書を作成することとなります。

♠税務申告のための決算書

　小規模店が税務申告のために決算書を作成する場合、最も優先すべき項目は、最終利益です。言い換えれば、最終利益が正しく導き出せる経理処理であれば、どんな経理処理であっても、大きな問題にはなりません。

ここでは、簡便処理でも最終利益が正しく計算される仕組みを2つほどご紹介しますが、小規模店においても最低限準拠すべきルールがあり、自店の業績把握という観点からは推奨できない処理であることから、まずは後章でご紹介している経理処理を行い、それらが困難であった場合にのみ、顧問税理士等にご相談の上、ここで紹介している簡便的な処理を検討してください。

♠費用のマイナス処理

　中古車販売業における経理処理では、「預り金」や「立替金」という勘定科目を使用する機会が非常に多いのが特徴で、これらの勘定科目は、お客様負担の費用に関する入出金時に使用します。そして、その名のとおり、一時的にお金を預かり、または一時的にお金を立て替えて支払った際に残高が発生し、一連の取引が完了した段階で、その残高は必ずゼロになるものです。

　つまり、損益には一切影響を及ぼさず、最終利益にも影響しません。

　しかし、経理処理に不慣れな場合などは、残高の管理や取崩し処理に苦労する勘定科目でもありますので、簡便的な経理処理として、「預り金」や「立替金」を使用しない方法をご紹介したいと思います。

　例えば、お客様負担の自賠責保険料を車両代金などと一緒に預かったとします。本来であれば、「預り金」勘定で処理して、これを保険会社に送金した際に「預り金」を取り崩します。しかし、簡便的な方法を採用する場合には、預かった際にも、送金した際にも、対応する費用科目「支払保険料」で処理します。こうすることにより、「支払保険料」という科目は、一時的にはマイナス残高となりますが、一連の取引が完了した段階で、残高がゼロとなります。

　詳しくは、第3章のQ27で解説していますので、そちらをご確認ください。

♠消費税の税抜経理と税込経理

　消費税の納税義務者である事業者は、税務申告に当たって税抜経理と税込経理のどちらの経理方式を選択してもよいこととされていますが、税抜経理では、在庫車両の棚卸高なども税抜金額で管理・把握する必要があるので、実務上の手間は、税込経理のほうが少なく、簡便的な処理であるといえます。

税抜経理というのは、取引金額を税抜金額で把握し、売上時に預かった消費税や、仕入時に支払った消費税は、仮受消費税等や仮払消費税等という科目で処理する方法です。こうすることにより、消費税部分を除いた純粋な取引金額で決算書が作成されますので、適正に業績を把握するという観点からは、税抜経理が適しています。

　一方、税込経理というのは、すべての取引金額を税込金額で把握する処理方法で、消費税の納付税額は租税公課として経費処理することになります。

　それでは、本当にいずれの経理処理を採用しても、最終利益が同じ結果になるのか検証してみたいと思います。

【図表1　設例】

> 　660千円で仕入れた車両を1,100千円で販売した。また、その他の
> 諸経費が別途110千円発生している。なお、金額はいずれも税込金額
> である。
>
> 1　税抜経理の場合
> ・売上高　　　1,000千円
> ・仕入高　　▲600千円
> ・諸経費　　▲100千円
> 　最終利益　　300千円
>
> 2　税込経理の場合
> ・売上高　　　1,100千円
> ・仕入高　　▲660千円
> ・諸経費　　▲110千円
> ・租税公課　▲30千円（100千円 - 60千円 – 10千円）
> 　最終利益　　300千円

　見事に最終利益が同じになりました。税抜経理と税込経理の切り替えは、会計ソフト上で簡単に行えますが、税込経理の場合には、決算時に消費税の納付税額を租税公課として計上して初めて最終利益が算出されますので、やはり業績把握の観点からは、税抜経理が適しています。

Q14 決算業務の効率的なやり方は

Answer Point

♤決算業務と申告業務は同じではありません。

♤業務の棚卸しを行ってみましょう。

♠決算業務と申告業務

　実務においては、決算申告という言葉を使うケースもありますが、「決算業務」と「申告業務」は全く違う業務となりますので、分けて考えておく必要があります。日々の経理業務の集大成として決算書を作成するところまでが「決算業務」であり、その決算書を基に税金を計算し、税務申告書を作成することが「申告業務」です。ここでは、決算業務は自店で行い、申告業務を税理士に依頼しているという前提で解説していきます。

　もちろん、日々の記帳から決算書の作成まですべてを税理士に依頼するケースもありますが、自店の業績を即時に把握し、経営判断に役立てるには自計化は必須です。一方、複雑な税務申告書の作成業務は、税理士に任せて、その時間は営業活動などに充てることが、効率的な経営方法といえます。

♠決算業務のルーチン化

　決算業務は、年に1回のルーチン業務として捉えて、その手順を定常化することにより、効率的に行うことができます。

　決算業務のルーチン化の具体的な方法は、日々行うこと、月次で行うこと、年次で行うこと、それぞれの業務を棚卸して、リストアップするだけです。

　日々の業務が、そして月次の業務がきちんと行われていれば、決算業務として行う処理としては、確定減価償却費の計上と貸倒損失や貸倒引当金の計上を検討する程度であり、その処理項目が少ないことがわかります。

　中古車販売業においては、特殊な決算調整項目というものは存在せず、決算業務というのは、年に1回のルーチン業務なのです。

Q 15　中古車販売業における勘定科目の設定は

Answer Point

♧残高試算表と決算書は、作成目的が違います。

♧残高試算表の勘定科目は自由です。

♧自店に合った勘定科目体系を設定しましょう。

♠残高試算表と決算書

　残高試算表とは、各勘定科目の金額を一覧にしたもので、原則として毎月、経営状態を把握するための内部資料として作成するものです。

　一方、決算書とは、原則として年に1回、株主や債権者、そして税務署などに提出するための外部報告資料として作成するものです。

　この残高試算表と決算書、作成時期や形式も当然異なりますが、最も大きな相違点は、その作成目的です。決算書が外部報告資料として作成されるのに対して、残高試算表は業績把握のための内部資料として作成されるので、勘定科目という点からいいますと、残高試算表の勘定科目は、ある程度自由に設定してもよいのです。

　もちろん、金融機関に融資を申し込むときなどには、決算書と一緒に直近の残高試算表の提出を求められることがありますので、あまり自由すぎるのもいかがなものかと思いますが、経営者の方が後から見て把握しやすい勘定科目を使用するのが最も重要なことなのです。

♠勘定科目体系の設定

　残高試算表の勘定科目の設定は自由であることは前述のとおりですが、簿記のテキストに載っている勘定科目や会計ソフトに初期設定されている勘定科目では、中古車販売業における会計処理に当てはめるのは困難です。

　中古車販売業における経理処理において最も大切なのは、自店オリジナルの科目体系を設定し、そのルールに従って規則的に処理することです。

♠項目ごとに勘定科目を設定する科目体系

　中古車販売業における科目体系例として、筆者が税務顧問を担当している中古車販売店が実際に使用している残高試算表の一部（売上に関する項目）をご紹介します。

【図表2　項目ごとに勘定科目を設定した残高試算表】

残高試算表（損益計算書）

勘定科目	前期繰越	期間借方	期間貸方	当期残高
国 産 車 売 上				
輸 入 車 売 上				
手 数 料 売 上				
部 品 売 上				
整 備 売 上				
保 険 手 数 料				
そ の 他 売 上				
売 上 高 合 計				

　この中古車販売店は、以前は売上に関する項目をすべて「売上高」として処理（仕訳）していたのですが、経営者の方が後から残高試算表を見ても、自分のお店がどの分野でどの程度の売上を上げているのかわからない状態であったため、売上項目ごとに勘定科目を設定する方法を採用することにしました。

　こうすることによって、自店の売上の構成比率が把握しやすくなるので、今後の経営に役立てることができます。

♠各科目に補助科目を設定する科目体系

　補助科目とは、その名のとおり勘定科目を補助する役目を担う科目のことです。

　その主な活用方法としては、細目ごとに補助科目を設定する方法と、相手先ごとに補助科目を設定する方法の2つがあります。勘定科目の特性や、自身が管理・把握したい内容に応じて、この2つの方法を上手く使い分け、活用することで、残高試算表がより読みやすくなります。

【図表3　各科目に補助科目を設定した補助残高一覧表】

補助残高一覧表

勘定科目：売上高

補助科目	前期繰越	期間借方	期間貸方	当期残高
国　産　車				
輸　入　車				
手　数　料				
部　　　品				
整　　　備				
保　　　険				
そ　の　他				
合計				

勘定科目：外注費

補助科目	前期繰越	期間借方	期間貸方	当期残高
佐 藤 自 動 車				
鈴 木 オ ー ト				
高 橋 板 金				
田 中 塗 装				
そ　の　他				
合計				

　図表3は、1つの勘定科目に補助科目を設定して管理している中古車販売店の例です。

　売上高については、図表2のケースと同様の目的で、細目ごとに補助科目を設定する方法を採用しています。一方、外注費については、相手先ごとに補助科目を設定する方法を採用することにしました。

　この中古車販売店は、車検整備や板金塗装を外注しており、どの整備工場に年間いくらくらいの業務を外注しているかを把握したいとの要望がありましたので、「外注費」という勘定科目には取引先別に「補助科目」を設定して管理することにしました。

　「項目ごとに勘定科目を設定する科目体系」と比較しますと、この「各科目に補助科目を設定する科目体系」のほうが残高試算表をシンプルに仕上げることができますので、科目ごとに使い分けるとよいでしょう。

Q16 貸借対照表の表示方法と作成時の注意点は

Answer Point

♤貸借対照表は財政状態を表します。

♤表示形式には報告式と勘定式があります。

♤在庫車両と社用車では表示が異なります。

♠貸借対照表の役割

　貸借対照表は、ある一時点（主として決算時点）における財政状態を表す計算書類で、Ｂ／Ｓ（ビーエス、Balance Sheet の略）とも呼ばれています。

　貸借対照表を作成することにより、どのような資産を保有していて、未払いの代金や借入金などの負債がどうなっているかといった残高情報を確認することができます。

♠貸借対照表の表示方法

　貸借対照表は、簿記のルールに従って、仕訳を総勘定元帳に転記し、各勘定科目残高を集計して…といった具合に作成されるのですが、こういった作業はすべて会計ソフトが行ってくれますので、作成方法の解説は割愛し、ここでは、法人経営を前提として、その表示方法について簡単にご紹介していきます。

　貸借対照表の表示項目は、資産の部、負債の部、そして純資産の部と大きく３つに分類されます。

　そして、それぞれが、流動資産、固定資産…といった具合に、中分類や小分類に区分されています。

　この貸借対照表の表示については、実際の表示例を使って確認するほうがわかりやすいので、貸借対照表の表示形式として選択可能な報告式という表示形式と、勘定式という表示形式のそれぞれについて、見ていくことにしましょう。

【図表4　報告式を採用した貸借対照表】

貸借対照表

〇年〇月〇日　現在

資　産　の　部

【 流　動　資　産 】		
現　金　及　び　預　金	××	
売　　　　掛　　　　金	××	
商　　　　　　　　　品	××	
流動資産合計		×××

【 固　定　資　産 】		
（ 有　形　固　定　資　産 ）		
機　械　装　置	××	
車　両　運　搬　具	××	
工　具　器　具　備　品	××	
有形固定資産合計	××	
（ 無　形　固　定　資　産 ）		
電　話　加　入　権	××	
無形固定資産合計	××	
（ 投資その他の資産 ）		
出　　　資　　　金	××	
投資その他の資産合計	××	
固定資産合計		×××

【 繰　延　資　産 】		
開　　　業　　　費	××	
繰延資産合計		××
資　産　の　部　合　計		××××

負　債　の　部

【 流　動　負　債 】		
短　期　借　入　金	××	
未　　　払　　　金	××	
未　払　法　人　税　等	××	
預　　　り　　　金	××	
流動負債合計		×××

【 固　定　負　債 】		
長　期　借　入　金	××	

（以下、省略）

図表4は、報告式と呼ばれる表示形式で、上から順に資産、負債そして純資産の項目と金額を並べていく様式です。

　一方、下記の図表5は、勘定式と呼ばれる表示形式で、資産（借方項目）を左側に、負債・純資産（貸方項目）を右側に表示させる様式となります。

【図表5　勘定式を採用した貸借対照表】

貸借対照表

〇年〇月〇日 現在

資　産　の　部	金　額	負　債　の　部	金　額
【流　動　資　産】	【　×××】	【流　動　負　債】	【　×××】
現 金 及 び 預 金	××	短 期 借 入 金	××
売　　掛　　金	××	未　　払　　金	××
商　　　　品	××	未 払 法 人 税 等	××
		預　　り　　金	××
【固　定　資　産】	【　×××】		
（有 形 固 定 資 産）	（　××）	【固　定　負　債】	【　××】
機　械　装　置	××	長 期 借 入 金	××
車 両 運 搬 具	××		
工 具 器 具 備 品	××	負　債　合　計	××××
（無 形 固 定 資 産）	（　××）	純　資　産　の　部	金　額
電 話 加 入 権	××	【株　主　資　本】	【　×××】
（投資その他の資産）	（　××）	（資　　本　　金）	（　××）
出　　資　　金	××	資　　本　　金	××
		（利 益 剰 余 金）	（　××）
【繰　延　資　産】	【　××】	繰 越 利 益 剰 余 金	××
開　　業　　費	××		
		純　資　産　合　計	××××
資　産　合　計	××××	負債・純資産合計	××××

　報告式と勘定式はどちらかが正解で、どちらかが間違いというわけではありませんが、中古車販売業における実務では、決算書の表示項目が多くなる傾向にあり、報告式では縦長になってしまうことから、勘定式を採用するケースが多いのが実情です。

♦正常営業循環基準と１年基準

　貸借対照表における表示分類について、資産、負債そして純資産の３つに分類するところまでは、何となくイメージがしやすいと思います。

　ここでは、その次の中分類である「流動資産」と「固定資産」、または「流動負債」と「固定負債」に分類する際のルールについて、少し解説しておきます。

　貸借対照表において、資産または負債を流動項目と固定項目に分ける際には、「正常営業循環基準」と「１年基準（ワンイヤー・ルール）」という２つの基準を適用します。

　正常営業循環基準とは、正常な営業取引で発生する棚卸資産（商品など）や売掛金、買掛金、前受金などは、決済されるまでの期間にかかわらず、「流動資産」または「流動負債」とするものです。

　一方、１年基準とは、決算時点から１年以内に決済される資産または負債を「流動資産」または「流動負債」と考えるものです。それ以外は、「固定資産」または「固定負債」ということになります。

　実務上は、まず、正常営業循環基準を適用し、この基準で判断できなかったものについて、１年基準を適用して、流動項目と固定項目を分けていきます。

♦在庫車両と社用車の貸借対照表における表示

　中古車販売業における商品、それは在庫車両に他なりません。決算時点で在庫している車両は、前述の正常営業循環基準によって、「商品」という科目をもって流動資産として貸借対照表に表示されることになります。

　一方、代車や営業車に使用している車両については、正常な営業取引で発生する資産でもありませんし、１年以内に決済されることもありません。したがって、「商品」ではなく「車両運搬具」という科目をもって固定資産（有形固定資産）として貸借対照表に表示します。

　同じ決算時点で保有する車両であっても、その保有目的によって、貸借対照表における表示は異なるのです。

　在庫車両を社用車に用途変更をした場合の詳しい取扱いなどについては、第４章のＱ42で解説していますので、そちらを確認してください。

Q 17 損益計算書の表示方法と作成時の注意点は

Answer Point

♧損益計算書は、期間損益を表します。

♧損益計算書には、5つの利益が表示されています。

♧それぞれの利益を分析し、経営に役立てましょう。

♠損益計算書の役割

損益計算書は、ある一会計期間の経営成績を表す計算書類で、P／L（ピーエル、Profit & Loss Statement の略）とも呼ばれています。

損益計算書を作成することにより、収益と費用とを対比して、その差額として利益を計算することができます。

♠損益計算書の表示方法

損益計算書は、収益から費用を控除して利益を求める形で表示されるのですが、法人経営においては、収益と費用をその性質によっていくつかに区分し、次のような5種類の利益を順に計算する仕組みになっています。

1　売上総利益

〔算式〕売上高 − 売上原価 ＝ 売上総利益

売上高は、主たる営業活動から発生する収入のことで、中古車販売業においては、中古車の売上代金や整備業務、登録業務の対価として受け取った収入が売上高となります。

その売上高に対応する原価である、中古車の仕入代金や整備費用などの売上原価を差し引いたものが、いわゆる粗利（あらり）と呼ばれる売上総利益となります。

2　営業利益

〔算式〕売上総利益 − 販売費及び一般管理費 ＝ 営業利益

販売費及び一般管理費は、販売活動や管理などにかかる費用のことで、中

古車販売業においては、展示場の家賃やスタッフの給与などが、その大半を占めることとなります。

営業利益は、本来の営業活動から生じた利益を示しますので、売上総利益が同じでも、経費削減や業務効率化を行うことによって、この営業利益を伸ばすことができます。

3 経常利益

〔算式〕 営業利益 ＋ 営業外収益 － 営業外費用 ＝ 経常利益

営業外収益または営業外費用は、本来の営業活動以外から発生した収益または費用のことで、営業利益にこれらを加減算して算出される経常利益は、その名のとおり、企業の経常的な活動から生じた利益を示します。

金融機関からの融資を受けて経営している中古車販売店においては、営業外費用である支払利息も考慮した利益を把握することが重要であるため、この経常利益の推移は常に意識する必要があります。

4 税引前当期純利益

〔算式〕 経常利益 ＋ 特別利益 － 特別損失 ＝ 税引前当期純利益

特別利益または特別損失は、本来の営業活動以外で臨時的に発生した収益または費用のことです。

経常利益にこれらを加減算して算出される税引前当期純利益は、税金を控除する直前の利益を示します。

5 当期純利益

〔算式〕 税引前当期純利益 － 法人税等 ＝ 当期純利益

法人税等は、その法人の利益に課される法人税、住民税及び事業税などの税金のことです。

税引前当期純利益からこの税金費用を控除して算出される当期純利益こそが、企業の最終的な利益です。

以上、５つの利益について解説しましたが、これらの利益が損益計算書上でどのように表示されるのか、図表６を見てみましょう。

この５種類の利益をそれぞれ分析することによって、会社の業績だけでなく、経営上の問題点や改善点も見えてきますので、それぞれの利益が何を示しているかを考えながら、損益計算書を作成することが大切です。

【図表6　5つの利益を表示する損益計算書】

損益計算書

自　○年○月○日
至　○年○月○日

科　　　　　　目	金	額
【純売上高】		
売　　上　　高	×××	×××
【売上原価】		
期　首　棚　卸　高	×××	
当　期　仕　入　高	×××	
合　　　　計	（　　　×××　）	
期　末　棚　卸　高	×××	×××
売上総利益		（　　　××× ）
【販売費及び一般管理費】		×××
営業利益		（　　　××× ）
【営業外収益】		
受　　取　　利　　息	×××	
雑　　　収　　　入	×××	×××
【営業外費用】		
支　　払　　利　　息	×××	×××
経常利益		（　　　××× ）
【特別利益】		
固　定　資　産　売　却　益	×××	
前　期　損　益　修　正　益	×××	×××
【特別損失】		
固　定　資　産　売　却　損	×××	×××
税引前当期純利益		（　　××× ）
法人税、住民税及び事業税		×××
当期純利益		（　　××× ）

Q 18　中古車販売業における利益計画の立て方は

Answer Point

♤費用には、変動費と固定費があります。

♤目標売上は、利益から逆算して算出します。

♤利益計画の見直しは、固定費の見直しです。

♠利益計画とは

　利益計画とは、目標とする利益を達成するための計画のことです。利益計画を立てるということは、「目標の数値化」をすることに他なりません。

　この利益計画には学術的に様々な考え方や算出方法が存在しますが、ここでは、最もシンプルで中古車販売業に適していると思われる方法をご紹介します。

♠変動費・固定費と限界利益

　利益は収益から費用を控除して計算します。しかし、正しい利益計画を立てる上では、この費用を「変動費」と「固定費」に分けて考えることが重要です。

　変動費とは、売上に比例して増減する費用のことで、中古車の仕入原価や整備の外注費などがこれに当たります。

　一方、固定費とは、売上に関係なく一定額発生する費用のことで、展示場の家賃やスタッフの人件費、そして設備の減価償却費などがこれに当たります。

　なお、売上高から変動費を差し引いた残りは、限界利益（管理会計上の表現であって、損益計算書には表示されません）といいます。

[順算の考え方]

・売上高 － 変動費 ＝ 限界利益

・限界利益 － 固定費 ＝ 純利益

♠利益計画の逆算アプローチ

　損益計算書を作成する際には、売上高からスタートして最終的な純利益を計算しますが、利益計画を立てる際には、その逆で、最初に必要な純利益を考えます。

　そして、その目標純利益に回収しなければならない固定費を加えることによって、確保しなければならない限界利益を算出して、最後にそれを基に目標売上を立てるのです。

［逆算の考え方］

・純利益 ＋ 固定費 ＝ 限界利益

・限界利益 ÷ 限界利益率（※）＝ 必要売上高

（※）限界利益率 ＝ 限界利益 ÷ 売上高

　最初に目指すべき売上高を考えようとしても、それは根拠のない目標であって、意味がありません。

　必要な純利益と回収すべき固定費を先に決めた上で、それらを賄うためには、どれだけ売上を上げればよいかを考えるという逆算プロセスで計算した売上高こそが、正しい利益計画に基づいた根拠のある数字となるのです。

♠利益計画の見直し

　前述の逆算プロセスによって算出された売上高が、お店の規模や人員から考えて、到底達成し得ない数字であった場合には、利益計画を修正する必要があります。

　中古車販売業においては、限界利益率を大幅にアップさせることは困難ですので、そもそもの目標純利益に無理がある場合を除いて、固定費の見直しを行うことになります。

　この利益計画の見直しは、利益計画を立てる際の逆算とは違い、順算アプローチで行います。

　具体的には、捻出可能な限界利益を資源と捉えて、この資源をスタッフの人件費や設備の減価償却費などの固定費にどのように配分するか、その割合や金額を見直していきます。こうして、計画と見直しを繰り返すことで、正しい生きた利益計画が生まれるのです。

Q19 中古車販売業における店別の損益の出し方は

Answer Point

♤店別損益は有用な経営指標です。

♤部門別管理機能を活用しましょう。

♤部門別損益と店別損益は同じではありません。

♠店別損益を把握する目的

　ある程度の規模になり、複数の店舗を運営している中古車販売店の経営陣にとって最も関心のある経営指標は、店舗ごとの損益情報、つまり店別損益であるといえます。「経営管理のため」といえば聞こえはよいですが、「店舗ごとの採算を知りたい」というのが、経営陣の本音のようです。

♠店別損益の出し方

　中古車販売業において店別損益を計算する最も効率的な方法は、会計ソフトの機能である部門別管理機能を活用し、部門別損益計算書を作成することです。

　なお、部門別管理機能とは、会計データを入力する際に、勘定科目と取引金額に加えて、事前に設定しておいた部門名を入力することにより、部門別損益計算書などを自動作成することができる機能です。

【図表7　部門別損益計算書】

部門別損益計算書

勘定科目	本社	A店	B店	C店	合計
売　上　高	×××	×××	×××	×××	×××××
売　上　原　価	××	××	××	××	×××
売　上　総　利　益	××	××	××	××	×××
販売費及び一般管理費	××	××	××	××	××
営　業　利　益	××	××	××	××	×××

♠部門別管理と経営指標としての店別損益

店別損益を把握するには、会計ソフト上で部門別管理を行うことが最適であることは前述のとおりですが、会計ソフトで計算した部門別損益がそのまま経営指標としての店別損益になるわけではありません。

中古車販売業において経営指標として有用な店別損益を把握するためには、会計ソフト上で計算した部門別損益をベースとしながらも、調整しなければならないポイントがいくつかあります。

その内容は、販売店ごとに考え方が異なりますので、ここでは、一般的な内容を次にご紹介します。

(1)　比較性の調整

会計ソフトを活用し、図表7のような部門別損益計算書を作成したとしても、これらを単純比較すると、適正な経営指標とはならないケースがあります。

例えば、A店は自己所有地に展示場を設けて営業する店舗で、B店は借地に展示場を設けて営業する店舗だったとします。この地代負担の異なる2店舗を単純比較してしまっては、適切な経営判断は行えません。

その他にも、店舗毎の取扱車種の違いや立地条件の違いなども加味して、部門別損益を所定の基準で調整することによって、経営指標として有用な店別損益を出すことができるのです。

(2)　本社管理収入および間接費の配分

図表7の部門別損益計算書には、「本社」という項目があります。複数の店舗を運営している場合においては、保険代理店収入や全社広告費などは本社が一括管理しているケースが多く、この様な場合には、本社部門に帰属する収入や間接費を、店別の売上高などの合理的な基準により、各店舗に配分する必要があります。

(3)　他店在庫を販売した際の調整

A店に来店したお客様が、B店の在庫車両を購入するなど、複数の店舗を運営している販売店では、他店在庫を販売することが多々あります。

このような場合にも、店舗間売上の計上を行うなど、一定の調整が必要となります。

Q 20　中古車販売業における資金繰りのポイントは

Answer Point

♤損益の流れとお金の流れは違います。

♤資金繰り表を作成しましょう。

♤資金繰り表は毎月見直しを行いましょう。

♠資金繰りとは

　資金繰りとは、お金の管理をすることです。具体的には、支払予定である項目と、回収見込みである項目を適正に把握し、資金が不足すると予測された場合には、借入れなどによって資金を補いながら、資金が不足しないようにコントロールすることをいいます。

♠損益の流れとお金の流れ

　「勘定合って銭足らず」という諺がありますが、損益の流れと資金の流れは必ずしも一致しないため、損益の計算上は利益が出ているにもかかわらず、実際には資金が足りずに苦しい経営を強いられているケースが多々あります。

　こうした状況が続くと、最悪の場合「黒字倒産」という事態になる可能性も十分にありますので、損益以上に資金繰りには注意する必要があります。

　それでは、なぜ、こうした損益の流れと資金の流れの不一致による資金不足が発生するのでしょうか。その主な原因は、入金と出金のタイミングのズレによるものです。

　損益の計算においては、取引が発生したタイミングで売上や仕入を計上しますが、実際の入出金は、その後に行われるケースがほとんどです。その結果、損益の計算では、利益が出ていたとしても、売上代金の入金よりも仕入代金の支払時期のほうが早ければ、資金が不足してしまうのです。

　こうした事態を回避するために、資金繰りが必要であり、その資金繰りの手段として有効なのが「資金繰り表」の作成です。

♠資金繰り表のつくり方

　資金繰り表とは、数か月先までの将来の現金の収入と支出を予測した結果をとりまとめた一覧表のことで、不足する資金の具体的な金額やその時期を事前に把握することを目的として作成されます。

　なお、資金繰り表には決まった様式はありません。各店舗の特徴に合わせて、使いやすいと思う様式で運用していただければ結構です。図表8に一般的な資金繰り表を例示しておきますので、参考にしてください。

【図表8　一般的な資金繰り表の作成例】

資金繰り表

(自：令和 6年 4月1日　至：令和 7年 3月31日)

(単位：千円)

項目／年月			令和6年4月	令和6年5月	令和6年6月	令和6年7月	令和6年8月
①前月繰越			5,000	6,792	3,419	4,408	2,849
②収入	売上	販 売 代 金	8,000	8,500	12,000	9,000	13,000
		整 備 代 金	360	400	240	600	500
		手 付 金	800	700	1,200	500	900
		そ の 他 売 上	0	80	0	0	0
		そ の 他 収 入	0	0	0	120	0
	収入合計		9,160	9,680	13,440	10,220	14,400
③支出	仕入	オークション仕入	4,000	3,000	5,000	4,500	4,000
		買取り・下取り	800	500	800	1,200	500
		そ の 他 仕 入	240	500	600	650	240
	外注	整 備 ・ 板 金	820	1,400	960	800	1,900
		そ の 他 外 注	50	50	40	30	80
	人 件 費		3,000	3,000	3,000	3,000	3,000
	展 示 場 費 用		480	480	480	480	480
	諸 経 費		300	300	300	300	300
	借 入 金 利 息		78	98	96	94	92
	税 金 納 税		0	3,000	0	0	0
	そ の 他 支 出		150	150	150	150	150
	支出合計		9,918	12,478	11,426	11,204	10,742
④差引計 (①＋②－③)			4,242	3,994	5,433	3,424	6,507
⑤財務その他	借入金	借入金返済 (－)	450	575	575	575	575
		借入金入金 (＋)	3,000	0	0	0	0
		(計)	2,550	▲ 575	▲ 575	▲ 575	▲ 575
	その他	設備等購入 (－)	0	0	450	0	0
		設備等売却 (＋)	0	0	0	0	0
		その他支出 (－)	0	0	0	0	0
		その他収入 (＋)	0	0	0	0	0
		(計)	0	0	▲ 450	0	0
	財務その他合計		2,550	▲ 575	▲ 1,025	▲ 575	▲ 575
⑥翌月繰越 (④＋⑤)			6,792	3,419	4,408	2,849	5,932

♠資金繰り表の運用方法

　資金繰り表の様式は自由であることは前述のとおりですが、その運用方法

にも特に明確なルールはありません。ただ、中古車販売業における資金管理には、次に掲げるような3つの特徴がありますので、一般企業よりは資金繰り表の運用を慎重に行う必要があります。

① 1台当たりの単価が大きく、月別売上が安定しない。

② 小売業の中では、展示場費用等の固定費が大きい。

③ 仕入好機を逃さないため、運転資金を多めに確保する必要がある。

あくまでも1つの運用例ですが、中古車販売業における資金繰り表の運用手順について図表9で簡単にご紹介します。

【図表9　資金繰り表の運用手順】

手順1　向こう1年分の資金繰り表を作成する

まず、利益計画などを基にして、1年分の資金繰り（計画）表を作成します。

なお、2年目以降は、前年度の資金繰り（実績）表を修正する形で作成することで、その事務手数を大幅に削減することができます。

手順2　当月分を実績値に置き換え、向こう2か月分の計画値を見直す

手順1で1年分の資金繰り（計画）表を作成した後は、毎月のルーチン業務になります。当月分の計画値を実績値に置き換え、注文実績や外注請求書などに基づき、翌月分と翌々月分の計画値をより実際に近い数値へ見直していきます。エクセルシートで作成する場合には、実績値＝黒、翌月・翌々月＝赤、3か月先以降＝青といった具合に、文字色を変えておくとよいでしょう。

手順3　資金不足、資金余剰への対応

資金繰り表を正しく運用していると、資金不足や資金余剰の兆候をいち早く把握することができますので、早めの対策を行います。資金が不足しそうな場合には、販売代金の早期回収や借入による資金調達などを検討します。

図表8の資金繰り表では、5月の税金納税に備えるため、4月に借入による資金調達をしているのが、ご確認いただけると思います。

Q 21 中古車販売業における開業時の資金計画の立て方は

Answer Point

♤ 設備資金は見積書を基に把握しましょう。

♤ 運転資金は在庫車両代金と固定費×6か月を目安にしましょう。

♤ 自己資金の割合は4割を目指しましょう。

♠開業時の資金計画と中古車販売店の営業形態

　中古車販売業における日頃の利益計画や資金繰りについては、Q 18とQ 20をご参考の上、慎重な店舗運営を目指していただきたいと思いますが、開業時の資金計画については、さらに慎重な判断が必要となるため、その注意点をご紹介していきます。

　なお、中古車販売店の営業形態には様々あり、オークション代行型や仲介（ブローカー）型などの展示場を持たない営業形態もありますが、ここでは展示場に在庫車両を展示して店頭販売を行う営業形態を前提として、ご説明します。

♠中古車販売店の設備資金

　新たに中古車販売店を開業する際にまず必要となるのは、設備資金です。当面は整備業務を外注するということであれば、ある程度の工具セットと備品類（プライスボード、アーチ等の販促用品、洗車関連用品など）、そしてパソコンや複合機などの事務機器さえあれば、中古車販売店は運営できますので、設備資金の大きさは整備工場を併設するか否かで大きく違ってきます。

　また、これらの設備資金というものは、見積書などによって、具体的な金額を把握することができますので、資金計画は立てやすいといえます。自身が開業しようとしている中古車販売店に必要なものをリストアップして、それぞれの業者から事前に見積書を取るようにしましょう。

　注意点すべき点としては、展示場の舗装や事務所・商談スペースの設営な

ど、金額が大きくなる項目は、必ず複数の業者から見積書を取ること、そして、展示場を賃借する際の保証金などは高額となる場合が多いので、設備資金計画に加えることを忘れないようにしてください。

♠中古車販売店の運転資金

運転資金というのは、通常の経営を行う際に必要となる資金のことで、一般的な小売業であれば、商品の仕入代金、人件費、店舗家賃、光熱費、広告代金といった費用の支払資金を指します。

また、売上入金サイクルが仕入支払サイクルよりも遅い場合の、それを補うための資金なども運転資金に含まれます。

中古車販売店の運転資金も基本的な考え方は、一般的な小売業と同じですが、大きな違いが１つあります。それは、在庫車両を確保するための資金が必要になる点で、これは開業時だけでなく、日々の店舗運営において、常に資金計画の中軸となる項目です。

また、開業時に限っていえば、商売がある程度軌道に乗るまでは、いきなり売上が上がるわけではないので、その分の運転資金も事前に用意しておく必要があります。

それでは、新たに中古車販売店を開業する場合には、どれくらいの運転資金を用意する必要があるかというと、開業しようしている店舗の規模や取り扱う車種単価にもよりますが、最低でも、月額固定費の６か月分と、開業時在庫車両の仕入代金との合計額は必要になると考えておくとよいでしょう。

♠自己資金と借入金のバランス

店舗型の中古車販売店を開業する際には、設備資金と運転資金が必要となりますが、これらすべてを自己資金で用意するのは至難の業です。もし、自己資金を用意することが困難な場合には、金融機関などによる開業融資を活用することは決して悪いことではありません。

しかし、開業融資を活用する際には、最低でも４割以上の自己資金を準備するようにしてください。一般的には３分の１以上などといわれていますが、４割未満で開業に踏み切ると、後の資金繰りで大変な苦労をすることになります。

Q 22　中古車販売業における在庫管理のポイントは

Answer Point

♧売上原価計算の仕組みを理解しましょう。

♧在庫車両棚卸表を作成しましょう。

♧在庫車両棚卸表の表示項目を検討しましょう。

♠棚卸在庫と売上原価計算の仕組み

　中古車販売業における在庫管理のポイントを知る上では、簿記の知識として売上原価が計算される仕組みを知っておく必要がありますので、まずは、この売上原価計算の仕組みについて、ご説明します。

　図表 10 は、損益計算書の売上総利益までの部分を抜粋したものです。

【図表 10　損益計算書（売上総利益までを抜粋）】

損益計算書

科　　　　　　目	金	額
【純売上高】		
売　　上　　高	×××	×××
【売上原価】		
期　首　棚　卸　高	×××	
当　期　仕　入　高	×××	
合　　　計	（　×××　）	
期　末　棚　卸　高	×××	×××
売上総利益		（　　×××　　）

　純売上高から売上原価を控除したものが売上総利益であることは、Q 17 で説明したとおりです。

　そして、その売上原価は、期首棚卸高に当期仕入高を加算した合計から期末棚卸高を控除することにより計算されます。

わかりやすいように計算式で書くと、次のような仕組みです。

［算式］売上原価 ＝ 期首棚卸高 ＋ 当期仕入高 － 期末棚卸高

　この計算の仕組みは、覚えるより理解したほうが早いですので、簡単に売上原価が計算される理由を確認しましょう。

　まず、期首に在庫していた在庫車両と当期に仕入れた車両を合計することにより、いったんすべての在庫車両の合計を計算します。

　そして、このままではまだ売れていない期末時点の在庫車両まで売上原価に含まれてしまうので、この期末在庫車両の分を後からマイナスしているのです。

　図表11は、先ほどの図表10に具体的な金額を入れたものです。

【図表11　損益計算書（売上原価計算の具体例）】

損益計算書

科　　　　　　目	金　　額	
【純売上高】		
売　　上　　高	300	300
【売上原価】		
期　首　棚　卸　高	500	
当　期　仕　入　高	450	
合　　　計	（　950　）	
期　末　棚　卸　高	750	200
売上総利益		（　100　）

　この販売店は、期首時点では300の車両Aと200の車両Bの2台（合計500）を在庫しており、ここに450の車両Cを新たに仕入れました。そして、期中に車両Bを300で売却しました。

　期末時点で残っている車両は、車両A 300と車両C 450の合計750ということになります。

　実際に売却したのは、車両Bだけなので、売上原価として200が適正に

計算されていて、さらに、200 の車両を 300 で売却したので、売上総利益が 100 と適正に計算されていることがわかります。

♠在庫車両棚卸表の作成

売上原価の計算方法についてはご説明しましたが、この売上原価を計算する際に使用する「期首棚卸高」「期末棚卸高」の具体的な金額を把握することが、中古車販売業における経理処理の中で最も重要な項目となります。

そして、そのために作成するのが、図表 12 の「在庫車両棚卸表」です。

【図表 12　在庫車両棚卸表（簡易版）】

在庫車両棚卸表

No.	仕入日	車名	仕入価格				
			仕入金額	自動車税等	諸費用	R 預託金	合計
1	R1.11.7	車両A	270,620	0	18,700	10,680	300,000
2	R2.3.15	車両C	420,660	1,300	18,700	9,340	450,000
3							
合計			691,280	1,300	37,400	20,020	750,000

この図表 12 は、解説のために表示項目を必要最小限まで減らした簡易版となりますが、実際には、詳細な車両データや仕入後の商品化費用なども含めて管理する必要がありますので、項目数はかなり多くなります。

車販ソフトを導入されている場合には、ソフトに集計機能および棚卸表の出力機能が備わっていますので、活用してください。

もちろん、エクセルシートなどで管理することも可能ですので、この後の在庫管理のポイントをご参考のうえ、必ず在庫車両棚卸表を作成するようにしましょう。

♠棚卸資産の取得価額

購入した棚卸資産の取得価額には、その購入代金の他、これを消費しまたは販売の用に供するために直接要したすべての費用の額を含めなければなりません。

例えば、オートオークションで車両を仕入れた場合には、落札代金の他、落札手数料や陸送費用なども棚卸資産の取得価額となりますので、在庫車両棚卸表の金額に計上する必要があります。

♠消費税の経理処理と在庫管理

　Q 13 の中でもご紹介しましたが、在庫棚卸金額を管理する際には、消費税の経理処理で税込経理を採用している場合には、在庫棚卸金額も税込金額で、税抜経理を採用している場合には、在庫棚卸金額も税抜金額で把握する必要があります。

　税込経理を採用している場合には、図表 12 の金額記載方法で問題ありませんが、税抜経理を採用している場合には、ここに消費税の要素を表示する必要があります。

【図表 13　在庫車両棚卸表（簡易版・消費税表示）】

在庫車両棚卸表

(上段：税抜金額／下段：消費税額)

No.	仕入日	車名	仕入価格				
			仕入金額	自動車税等	諸費用	R預託金	合計
1	R1.11.7	車両A	246,019	0	17,000	10,680	273,699
			(24,601)	(0)	(1,700)	−	(26,301)
2	R2.3.15	車両C	382,419	1,182	17,000	9,340	409,941
			(38,241)	(118)	(1,700)	−	(40,059)
3							
合計			628,438	1,182	34,000	20,020	683,640
			(62,842)	(118)	(3,400)	−	(66,360)

♠リサイクル預託金は別項目

　詳しくは、第 4 章の Q 41 および第 5 章の Q 55 の中でご紹介しますが、ここでは、在庫車両棚卸表を作成する際には、リサイクル預託金は別項目として表示（図表 12・図表 13 では「R 預託金」と表示）させる必要があるということを押さえておいてください。

Q 23　中古車販売業における月次決算のポイントは

Answer Point

♤ 月次棚卸計上は必須処理です。

♤ 預り金勘定は毎月精査しましょう。

♤ 減価償却は月次で概算計上しましょう。

♠ 月次決算とは

　月次決算とは、事業年度末に行う税法や会社法などの法律に基づいた決算とは別に、経営管理のために月々行われる決算のことです。外部報告を目的とした決算とは異なり、主に内部利用目的のために行われる決算であるため、どのような月次決算処理をするかの決まりがあるわけではありません。業績管理が主たる目的となりますので、概算計上などの処理方法も取り入れながら業務効率化を優先することも重要となります。

♠ 月次決算の目的と付随メリットは

　月次決算を行う目的は、最新の経営状態をタイムリーに把握し、経営判断に役立てることに他なりません。これは、会社の資金繰り計画を立てる際にも役立ち、まとまった金額が動く中古車販売業においては、この資金繰りの安定が、後々の経営状態の安定に繋がります。月次損益が一定ではない中古車販売業においては、月次決算を行うことは必須です。

　また、実務上においては、この他にも月次決算を行うことで、次のような付随メリットが生じます。あくまでも付随的なものですが、業務全体の効率化という観点からも、月次決算資料は大変有用なものであるといえます 。

①　年次決算の前倒し効果があり、年次決算業務の効率化を図ることができる。

②　経営目標の達成率のなどを随時把握するための資料とすることができる。

③　決算の着地見込を把握することができ、節税等の対策を早期に行うことができる。

♠中古車販売業における月次決算処理

　月次決算について簡単にご説明したところで、具体的な月次決算処理について、そのポイントをご紹介します。

　ただし、預金・小口現金残高のチェック、経過勘定の計上、仮払金・仮受金勘定の振替といった一般的な月次決算の処理方法の説明は割愛し、中古車販売業における月次決算処理のポイントを3つに絞ってご紹介します。

⑴　月次棚卸計上の方法

　中古車販売業における月次決算処理を行う上で、最も重要となる処理は、月次棚卸の計上です。計上すべき在庫金額は、Q 22 でご紹介した在庫車両棚卸表から認識していただき、次の図表 14・図表 15 のような仕訳処理を行ってください。

【図表 14　月次棚卸の仕訳処理（事業年度の1か月目）】

日付	借　　方		貸　　方		摘　　要
4/30	期首棚卸高	××	商品	××	前期末在庫残高
4/30	商品	××	期末棚卸高	××	4月末在庫残高

【図表 15　月次棚卸の仕訳処理（事業年度の2か月目以降）】

日付	借　　方		貸　　方		摘　　要
5/31	期末棚卸高	××	商品	××	前月末在庫残高
5/31	商品	××	期末棚卸高	××	5月末在庫残高

　図表 14 は、簿記の授業で習う一般的な仕訳処理なので、特にポイントはありません。しかし、図表 15 の仕訳処理を見たときには違和感を覚えた方も多いのではないでしょうか。

　この図表 15 の仕訳処理のポイントは、前月末残高を戻し入れる1行目の仕訳処理において「期首棚卸高」ではなく「期末棚卸高」の勘定を使用することです。もちろん、図表 14 のように「期首棚卸高」の勘定を使用しても損益は正しく計算することができるのですが、この方法ですと、年間の残高試算表や損益計算書において「期首棚卸高」や「期末棚卸高」が累計で集計されてしまい、正しく表示されないのです。

⑵　預り金勘定の精査

　第3章以降では、中古車販売業における実務処理のポイントについて解説していきますが、中古車販売業における実務処理では、自動車税や自賠責保険料など数多くの種類の預り金勘定を使用します。

　そしてこれらの勘定は、計上と取り崩しが繰り返される特徴があり、その取り崩しが正しく行われているか否かの精査は、少なくとも月単位で行っておく必要があります。

　月次の精査業務を怠り、1年分を決算時にまとめてチェックすることは大変な作業となりますので、必ず毎月の月次決算処理として、この預り金勘定の精査を行うようにしてください。

⑶　減価償却費概算計上の方法

　減価償却費というのは、支出を伴わない費用となりますので、日々の記帳業務には含まれません。本来は、1年分まとめて期末に計上すれば足りる減価償却の処理ですが、構築物や機械装置の減価償却費が大きくなることの多い中古車販売業においては、適正な経営判断のために、この減価償却費も月次単位で概算計上すべきです。

　例えば、機械装置の年間の減価償却費が、4,740だったとします。これを12か月で除すると395となりますので、月次償却費の概算計上額をキリのよい数字で400と設定し、毎月の月次決算で計上します。

　なお、月次決算処理の段階では、資産勘定から直接減額せずに、「減価償却累計額」という科目で処理しておいて、年次決算時に12か月間計上してきた「減価償却累計額」を一度戻し入れて、本来計上すべき減価償却費を資産勘定から直接減額する形で計上するとよいでしょう。

【図表16　減価償却累計額を使用した減価償却費の計上例】

日付	借　　方		貸　　方		摘　　要
4/30	減価償却費	400	減価償却累計額	400	概算償却費
3/31	減価償却累計額	4,800	減価償却費	4,800	概算償却費戻入
3/31	減価償却費	4,740	機械装置	4,740	当期減価償却費

Q 24　売上は契約時・登録時・納車時のいずれで計上すればいい

Answer Point

♤販売店が管理しやすい方法を選べます。

♤売上計上基準は継続適用する必要があります。

♤登録日基準がおすすめです。

♠売上計上時期の基本的な考え方

　新車または中古車にかかわらず、自動車業界における販売時の大まかな流れは「①契約→②登録→③納車」となるわけですが、どのタイミングで売上を計上（収益を認識）すべきかについて順を追ってご説明します。

　基本となる考え方としては、販売店において管理が容易であり、かつ税務のルールに反さない方法を採用することとなります。

♠自動車ディーラーにおける新車販売の場合

　自動車ディーラーが新車を販売する際の売上計上時期は、陸運局における車検登録時に売上を計上する「登録基準」を採用しているケースがほとんどです。ごく稀に、消費者へ車両を納車したタイミングで売上を計上する「納車基準」を採用しているケースも見受けられますが、メーカー、ディーラーともに新車登録台数を業績指標とする業界慣行があるため、売上計上時期も「登録基準」を採用しているケースが多くなっているのです。

　なお、メーカーにおける各ディーラーへの報奨金の算定基準や限定車の取扱台数を決定する基準についても、登録台数実績がベースとなるケースが一般的であることから、年度末はどこのディーラーも駆込み販売と登録業務に大忙しとなっています。

♠売上計上時期の販売店基準と税務基準

　中古車販売業における売上計上時期については、基本的には販売店ごとに

設けた基準に基づいて処理すればよいので、中小規模な販売店であれば、最も管理がしやすい方法で処理を行い、大規模な販売店であれば、様々な会計基準に基づいて、またメーカーや親会社からの指導に従った処理を行うことになります。

　しかし、税務上は、この売上の計上時期（収益の帰属時期）に関する一定のルールが設けられていて、販売店ごとに設けた基準が無条件で認められるわけではありません。販売店側が管理しやすいからといって、メーカーからの指導に基づいていたからといって、税法で定められたルールに反していれば、税務調査で否認され、追徴課税されてしまう可能性があるのです。

♠税務で定められたルール
　具体的には、商品を販売する事業者が、売上をいつ計上すべきかについて、税務上は図表17のように定められています。

【図表17　棚卸資産の販売による収益の帰属の時期】

> 　棚卸資産の販売による収益の額は、その引渡しがあった日の属する事業年度の益金の額に算入する。（法基通2-1-1）

　つまり、税務上では「商品の引渡しがあった日に売上を計上しなさい」と規定されているのです。さらに、その「引渡しがあった日」について、図表18のように定められています。

【図表18　棚卸資産の引渡しの日の判定】

> 　棚卸資産の引渡しの日がいつであるかについては、例えば出荷した日、相手方が検収した日、相手方において使用収益ができることとなった日、検針等により販売数量を確認した日等、当該棚卸資産の種類及び性質、その販売に係る契約の内容等に応じその引渡しの日として合理的であると認められる日のうち法人が継続してその収益計上を行うこととしている日によるものとする。（法基通2-1-2）

何とも回りくどい表現ですが、この引渡し日に関する規定の中で着目すべきポイントは２つあります。

　まず１つ目は「棚卸資産の種類及び性質、その販売に係る契約の内容等に応じその引渡しの日として合理的であると認められる日」という部分です。

　マンションを１棟丸ごと販売する場合と、チョコレートを１個だけ販売する場合では、同じルールを適用するわけにはいかず、あくまでも販売する商品や販売方法に応じた適正な時期に売上を計上するようにと規定されています。

　そして２つ目は、「継続してその収益計上を行うこととしている日」という部分です。業績などに応じて頻繁に売上計上のタイミングを変更することは、粉飾決算や租税回避（いわゆる脱税）に繋がる恐れがありますので、一度採用した計上基準は、継続的に適用するようにと規定されています。

♠中古車販売業における売上計上時期

　税務上の売上計上時期に関するルールについては前述のとおりですが、これを中古車販売業における車両販売に当てはめて考えてみましょう。

　まず、「合理的であると認められる日」という部分ですが、これは「①お客様と注文書を取り交わした契約日」、「②お客様名義への登録が完了した登録日」そして、「③お客様へ車両を納車した納車日」のいずれであっても、中古車という商品特性と販売方法からみて合理的と考えることができます。

　つまり、①から③の中から販売店ごとに管理しやすい売上計上時期を選んで、「継続的に」同じ方法を適用するということが、中古車販売業における売上計上時期の採用方法となります。

♠中小規模店におすすめの売上計上時期

　継続的に同じ方法を適用するという制限はあるものの、中古車販売業における売上計上は、販売店ごとに管理しやすい計上時期を選んでよいという結論になりました。もし、これから開業する方や処理基準の見直しをしたい方が、どの基準を採用してよいのか判断に迷う場合には、「②登録日基準」をおすすめします。その理由は、最も一般的で、かつ車検証という売上計上日を示す客観的な資料を残すことができるからです。

Q 25　お客様から預かったお金の処理は

Answer Point

♤受け取ったお金が誰のお金なのか意識しましょう。

♤預り金の基本的仕組みを押さえましょう。

♤預り金の科目体系を設定しましょう。

♠お客様から受け取るお金の種類

　中古車販売業の会計・税務処理を煩雑にしている原因の1つに、お客様から法定費用などのお金を事前に預かることが多いということが挙げられます。

　ただし、これらの預り金の処理は、管理しやすい科目体系を設定し、月次決算での科目残高管理を怠らなければ、さほど難しい処理ではありません。

　「預り金」が計上され、それが取り崩される基本的な仕組みを押さえること、そして、お客様から受け取ったお金が、「売上代金」なのか「お客様に代わって支払うために預かったお金」なのか、言い換えれば、お客様から受け取ったお金が、誰のお金なのかを常に意識することが大切です。

♠預り金の基本的な仕組み

　預り金は、その名のとおり、お客様から預かったお金ですので、お客様からお金を受け取った際に計上され、これをお客様に代わって支払った際に取り崩されます。そして、一連の取引が終了した時点では、その残高は必ずゼロとなります。

　この「預り金」という勘定は、中古車販売業の経理処理を行う上では非常に重要な項目となりますので、簿記の基本的な内容となりますが、設例を交えて仕訳処理のおさらいをしておきたいと思います。

　まず始めに、4/1にお客様が負担すべき税金1,000を販売店が事前に預かったとします。この場合の、販売店が行うべき仕訳処理とその後の残高試算表は、図表19のようになります。

【図表19　預り金の仕訳例（預り金計上時）】

日付	借　　方		貸　　方		摘　　要
4/1	現金	1,000	預り金	1,000	○○氏　税金預り金

残高試算表（貸借対照表）

勘定科目	前期繰越	期間借方	期間貸方	当期残高
現　　　金	0	1,000		1,000
預　り　金	0		1,000	1,000

　先にお金（現金）を受け取るので、「現金」が1,000増えて、「預り金」という負債が同じく1,000計上されることになります。

　その後、この預り金1,000を4/30に販売店がお客様に代わって支払った際に販売店が行うべき仕訳処理とその後の残高試算表は、図表20のようになります。

【図表20　預り金の仕訳例（預り金取崩し時）】

日付	借　　方		貸　　方		摘　　要
4/30	預り金	1,000	現金	1,000	○○氏　預り税金支払い

残高試算表（貸借対照表）

勘定科目	前期繰越	期間借方	期間貸方	当期残高
現　　　金	1,000		1,000	0
預　り　金	1,000	1,000		0

　事前に預かっていたお金（現金）を支払ったわけですから、その「現金」が手元からなくなり、「預り金」という負債も消滅して、いずれの残高もゼロになっていることが確認できます。

　以上が、預り金の経理処理に関する基本的な仕組みです。

♠中古車販売業における預り金の科目体系

　中古車販売業の経理処理においては、様々な種類の預り金が発生しますの

で、適切な科目体系を設定し、その残高管理を行う必要があります。

　図表21は、筆者が中古車販売業向けにおすすめしている預り金に関する科目体系です。

【図表21　中古車販売業におすすめの預り金科目体系】

補助残高一覧表

勘定科目：預り金

補助科目	前期繰越	期間借方	期間貸方	当期残高
所　得　税				
住　民　税				
社 会 保 険 料				
雇 用 保 険 料				
そ　の　他				
合計				

勘定科目：車販預り金

補助科目	前期繰越	期間借方	期間貸方	当期残高
自 動 車 税				
自　賠　責				
重　量　税				
そ　の　他				
合計				

　この科目体系は、第2章のQ15の中でご紹介した「項目ごとに勘定科目を設定する方法」と「各科目に補助科目を設定する方法」を組み合わせて設定しています。

　まず、通常の「預り金」の他に、車両販売にかかる預り金だけに使用する「車販預り金」という勘定科目を新たに追加し、それぞれに補助科目を設けているのです。

　こうすることで、主に人件費に関する処理で発生する源泉所得税などの預り金と、車両販売に伴って発生する法定費用などの預り金を明確に区分することができ、科目または補助科目ごとの残高管理を効率的に行うことが可能となります。

Q 26　お客様に代わって支払ったお金の処理は

Answer Point

♤立替金の基本的仕組みを押さえましょう。

♤立替金を使わない処理をマスターしましょう。

♤販売前の在庫費用は立替金ではありません。

♠中古車販売業における立替金

　立替金とは、お客様が負担すべき経費を販売店が一時的に立て替えて支払った際に使用する勘定科目ですが、中古車販売業における経理処理においては、使用頻度は多くありません。

　Q 25 の中でご紹介した「預り金」と同様に、立替金にかかる基本的な仕訳処理について設例を交えておさらいした上で、立替金を使用しない実務処理について説明します。

　まず始めに、4/1 にお客様が負担すべき税金 1,000 を販売店が事前に立て替えて支払ったとします。この場合の、販売店が行うべき仕訳処理とその後の残高試算表は図表 22 のようになります。

【図表 22　立替金の仕訳例（立替金計上時）】

日付	借　　方		貸　　方		摘　　要
4/1	立替金	1,000	現金	1,000	○○氏　税金立替払い

残高試算表（貸借対照表）

勘定科目	前期繰越	期間借方	期間貸方	当期残高
現　　　金	0		1,000	▲ 1,000
立　替　金	0	1,000		1,000

　先にお金（現金）を立て替えて支払うので、「現金」が減少してマイナス 1,000 となり、後からお客様から回収する予定の「立替金」という資産が同

じく 1,000 計上されることになります。

　なお、解説の便宜上、現金残高をマイナス表示しています。（以下、本書において別段の定めがない限り同じ）

　その後、この立替金 1,000 を 4/30 にお客様から回収した際に販売店が行うべき仕訳処理とその後の残高試算表は、図表 23 のようになります。

【図表 23　立替金の仕訳例（立替金取崩し時）】

日付	借　　方		貸　　方		摘　　要
4/30	現金	1,000	立替金	1,000	○○氏　立替税金の回収

残高試算表（貸借対照表）

勘定科目	前期繰越	期間借方	期間貸方	当期残高
現　　　金	▲ 1,000	1,000		0
立　替　金	1,000		1,000	0

　事前に立て替えていたお金（現金）が戻ってきたわけですから、その「現金」のマイナス残高が解消し、「立替金」という資産も消滅して、いずれの残高もゼロになっていることが確認できます。

　以上が、立替金の経理処理に関する基本的な仕組みです。

♠立替金勘定を使用しない処理

　例えば、車両の登録時に自動車税を支払ったとします。これが、自店で営業車や代車として使用する車両に関する支払であれば、「租税公課」として経費科目で処理するだけですが、これがお客様の車両に関する支払の場合には、そういうわけにはいきません。

　その支払が、お客様が負担すべき支払であった場合、その分のお金（現金）を既にお客様から預かっているか、それとも自店が先に立て替えて支払うことになっているかを考えなければなりません。前者であれば「預り金」の取り崩し、後者であれば「立替金」の計上ということになります。

　しかし、中古車販売業においてこのような厳密な処理を採用してしまうと、実務上の手数が大幅に増え、帳簿の検証性が著しく低下してしまいます。そ

こで、車両販売にかかる法定費用・保険料等のお客様負担分は、支払や受取りの順序にかかわらず、すべて預り金（車販預り金）で処理するのです。

　例えば、先ほどの図表22・図表23の設例を「立替金」ではなく「預り金」を使って処理すると図表24・図表25のようになります。

【図表24　立替金を使わない仕訳例（支払時）】

日付	借　　方		貸　　方		摘　　要
4/1	預り金	1,000	現金	1,000	○○氏　税金支払い

残高試算表（貸借対照表）

勘定科目	前期繰越	期間借方	期間貸方	当期残高
現　　　金	0		1,000	▲ 1,000
預　り　金	0	1,000		▲ 1,000

【図表25　立替金を使わない仕訳例（受取時）】

日付	借　　方		貸　　方		摘　　要
4/30	現金	1,000	預り金	1,000	○○氏　税金受け取り

残高試算表（貸借対照表）

勘定科目	前期繰越	期間借方	期間貸方	当期残高
現　　　金	▲ 1,000	1,000		0
預　り　金	▲ 1,000		10,000	0

　一時的には、「預り金」の残高がマイナスとなってしまいますが、最終的には「立替金」を使って処理した場合の図表23と同じく、すべての残高がゼロになっていることが確認できます。

　この設例は極端な例でしたが、実際の車両売上の処理においては、注文書に基づいて売掛金も預り金（車販預り金）もまとめて1枚の仕訳伝票で計上しますので、預り金（車販預り金）の残高がマイナスになるケースはほとんどありません。

♠在庫保有時の車検費用等

　中古車販売業における経理処理においては、「立替金」の使用頻度は多く
ありませんと申し上げましたが、実務の現場においては、「立替金」の誤っ
た使い方をしているケースが散見されます。

　その中でも特に多いのは、仕入車両を自社名義に移す際や在庫車両につい
て継続車検を受ける際の費用の処理です。

　これらの手続時に支払う自動車税、自動車重量税そして自賠責保険料など
を、いずれはお客様が負担すべき費用であると捉えて立替金として処理する
ケースが非常に多いのです。

　在庫車両につき車検を受けた際の自賠責保険料（4/1 に車検を受けて 7/1
に販売したと仮定）を例にして、誤った処理を示しますと、図表 26・図表
27 のようになります。

【図表 26　誤った立替金処理の仕訳例（車検時）】

日付	借　　方		貸　　方		摘　　要
4/1	立替金	27,840	現金	27,840	○○　自賠責保険料

【図表 27　誤った立替金処理の仕訳例（販売時）】

日付	借　　方		貸　　方		摘　　要
7/1	現金	24,360	立替金	27,840	○○　自賠責保険料
	雑損失	3,480			○○　立替差額

　こうした誤った処理をすることにより、図表 27 のように販売時に差額が
生じてしまいます。

　また、販売するまでの期間にわたり立替金残高が残り続けてしまうという
デメリットが生じます。

　詳しくは、第 4 章の Q 37 および Q 40 でご紹介しますが、これらの費用は、
お客様に代わって支払った立替金ではなく、売上原価として処理すべきもの
です。

Q 27　預り金・立替金の処理が難しいときの対応は

Answer Point

♤各店舗の経理事情に合った処理を検討しましょう。

♤費用のマイナス処理でも利益は同じになります。

♤費用項目を売上高で処理すると消費税の問題が生じます。

♠小規模店等の実務事情

　預り金や立替金という勘定科目は、一連の取引が終了した時点でその残高は必ずゼロとなるということは前述のとおりですが、経理実務においては、その残高の検証作業に一定の手数を要し、これらの業務を行うためにはある程度の簿記の知識が必要となります。

　そのため、小規模な販売店や経理に人手を割くことのできない販売店においては、これまでご紹介してきた預り金や立替金を使用した経理処理が実務上困難であるケースがあります。

♠預り金・立替金の処理が難しいときの対応

　販売店の事情により、預り金や立替金を使用した経理処理が実務上困難である場合には、第2章のQ 13の中でも簡単にご紹介しましたように、簡便的な経理処理として、「費用のマイナス処理」で対応することをご検討ください。

　ただし、この方法は、決算時点で預かっているお金や立て替えているお金がある場合には、一定の調整を要するものであり、帳簿書類の検証性・信頼性を低下させる方法であることから、積極的に推奨するものではなく、あくまでも原則的な経理処理が困難である場合に限り採用する方法となります。

♠費用のマイナス処理と利益に与える影響

　預り金や立替金という勘定科目を使用した処理は、売上や費用が一切計上

されないので、利益に与える影響はありません。

それでは、その処理が困難な場合に採用する費用のマイナス処理も同じく利益に与える影響がないのか、設例を交えながら検証していきます。

例えば、7/1 に車両（中古新規）を販売し、お客様から 25 か月分の自賠責保険料 28,780 と月割自動車税 26,300 を受け取ったとします。

本来であれば、これらはお客様が負担すべき費用代金を預かったものですので、預り金として経理処理するのですが、今回は費用のマイナス処理を採用します。

その結果、図表 28 のように一時的に費用科目である「支払保険料」と「租税公課」がマイナスの残高となりました。

【図表 28　費用のマイナス処理（販売時）】

日付	借　方		貸　方		摘　要
7/1	現金	28,780	支払保険料	28,780	○○氏　自賠責保険料
	現金	26,300	租税公課	26,300	○○氏　月割自動車税

残高試算表（貸借対照表）

勘定科目	前期繰越	期間借方	期間貸方	当期残高
現　　金	0	55,080		55,080

残高試算表（損益計算書）

勘定科目	前期繰越	期間借方	期間貸方	当期残高
支払保険料	0		28,780	▲ 28,780
租税公課	0		26,300	▲ 26,300

その後、登録時に月割自動税を納め、自賠責保険料を保険会社に送金した際の仕訳処理とその後の残高試算表は図表 29 のようになります。

なお、自賠責保険料にかかる仕訳は、手数料収入の処理など、一部を省略しております。

詳しくは Q 36 にて解説しておりますので、そちらをご確認ください。

【図表 29　費用のマイナス処理（支払時）】

日付	借　　方		貸　　方		摘　　要
―	支払保険料	28,780	現金	28,780	○○氏　　自賠責保険料
	租税公課	26,300	現金	26,300	○○氏　　月割自動車税

残高試算表（貸借対照表）

勘定科目	前期繰越	期間借方	期間貸方	当期残高
現　　　金	55,080		55,080	0

残高試算表（損益計算書）

勘定科目	前期繰越	期間借方	期間貸方	当期残高
支 払 保 険 料	▲ 28,780	28,780		0
租 税 公 課	▲ 26,300	26,300		0

　ご覧のとおり、最終的には「支払保険料」「租税公課」ともに残高がゼロになっていて、預り金を使用して処理した際と同様に、費用のマイナス処理を採用した場合でも、利益に影響がないことが確認できます。

♠預り金を売上高として処理することの可否

　最後に、お客様から預かったお金をすべて売上高として処理する方法の可否について検証してみましょう。仕訳処理や残高試算表の図表は割愛しますが、先ほどの設例ですと、お客様から預かった「自賠責保険料」と「月割自動車税」の合計額 55,080 を売上高として計上します。そして、これらを支払った際には、先ほどのケースと同様に、それぞれ「支払保険料」「租税公課」として処理します。こうすることによって、売上高 55,080 と費用合計 55,080 が当然同じ金額になり、利益はゼロ、すなわち利益に与える影響はなく、一見すると問題のない処理と考えられなくもありません。

　しかし、この売上高 55,080 にかかる消費税の取扱いについて、他の車両代金などと分けて管理する必要があるため、実務上の手数を考慮した簡便的処理としては適切であるとはいえません。

Q 28　販売時の諸経費のうち金額が小さいものの対応は

Answer Point

♤補助科目の項目数は多くなり過ぎないようにしましょう。

♤重要性の原則を考慮した処理を検討しましょう。

♤概算請求の場合は差異が生じます。

♠金額の小さい車両販売時の預り金の処理

　ここでは、金額の小さい車両販売時の預り金の処理について解説しますが、まずはこちらの図表30をご覧ください。

【図表30　車販預り金の補助科目体系】

補助残高一覧表

勘定科目：車販預り金

補助科目	前期繰越	期間借方	期間貸方	当期残高
自 動 車 税				
自 賠 責				
重 量 税				
そ の 他				
合計				

　これは、Q25の中でもご紹介した「車販預り金（車両販売時の預り金）」の補助残高一覧表です。自動車税、自賠責保険料などの項目別にお客様からの預り金を管理するために推奨している補助科目体系ですが、今回は1番下の「その他」に注目してください。

　この「その他」という項目は、自動車税など補助科目として個別に掲げられている項目のいずれにも該当しない費用をお客様から預かった際に使用する補助科目です。

　実務上は、補助科目を設定する際は、補助科目項目があまり多くなりすぎないように、金額があまり大きくならない項目や使用頻度が少ない項目は「そ

の他」としてまとめています。

　なお、車両販売時において、この「その他」に属する項目として次のような費用がありますが、どの項目を補助科目として個別に掲げるのか、どの項目を「その他」としてまとめるのかは、各店舗の実態に合わせて、組み合わせるようにしてください。

① 　検査・登録印紙代
② 　申請書用紙代
③ 　車庫証明申請手数料
④ 　ナンバープレート代
⑤ 　行政書士代書報酬　など

♠中古車販売と重要性の原則

　企業会計原則（企業会計の実務の中に慣習として発達したものの中から、一般に公正妥当と認められたところを要約した基準）の注解に図表31のような規定が存在します。

【図表31　重要性の原則の適用について】

> 　企業会計は、定められた会計処理の方法に従って正確な計算を行うべきものであるが、企業会計が目的とするところは、企業の財務内容を明らかにし、企業の状況に関する利害関係者の判断を誤らせないようにすることにあるから、重要性の乏しいものについては、本来の厳密な会計処理によらないで他の簡便な方法によることも正規の簿記の原則に従った処理として認められる。（企業会計原則注解1より抜粋）

　つまり、日々の経理処理は、定められたルールに従い、できるだけ正確に行わないといけません。

　しかし、あまりにも細かすぎると会計帳簿が煩雑になってしまい、重要な会計情報と重要でない会計情報の区別がつかなくなってしまうなどの弊害が出るおそれがあるため、重要性の乏しい取引については簡便な経理処理を採用してもよいということです。

♠概算請求した場合に生じる差異

　この車販預り金の補助科目「その他」に属する項目としてご紹介した費用は、中古車販売業の実務においては、ある程度概算でお客様に請求しているケースが多い項目でもあります。

　このこと自体は、都道府県によって車庫証明申請手数料やナンバープレート代の金額が異なることなどから、中古車販売業界における実務慣習としては、決して悪いことではありませんが、原則的な預り金処理を採用した場合には、お客様への概算請求額と実際に警察署や自動車検査登録事務所の窓口で支払った金額に差額が生じてしまいます。

♠簡便処理（費用のマイナス処理）の検討

　この車販預り金の補助科目「その他」に属する項目を処理する場合においては、前述の重要性の原則、そして概算請求という実務慣行を考慮し、Q27でご紹介した内容と同様の簡便的方法（費用のマイナス処理）の採用を検討してもよいでしょう。

　なお、本書における設例においては、説明の便宜上、検査・登録諸費用として3,400を、車庫証明諸費用として2,600を一律で設定し、「車販預り金（補助科目：その他）」として計上する原則処理を採用しております。

♠預り金処理で差異が生じたときの処理例

　最後に、原則的な「車販預り金（補助科目：その他）」を使用して処理した結果、差異が生じてしまったケースをご紹介します。

　図表32は、車庫証明の申請手数料としてお客様から2,700を預かり、「車販預り金（補助科目：その他）」として処理したが、実際に警察署窓口で支払った金額が2,600であった、という場合の仕訳例です。

【図表32　車庫証明の申請手数料に差異が生じた場合の仕訳例 】

日付	借　　方		貸　　方		摘　　要
—	車販預り金_その他	2,700	現金	2,600	車庫証明申請手数料
			雑収入	100	預り車庫証明手数料差額

Q 29　車両販売時における自動車税や自賠責保険料の処理は

Answer Point

♤自動車税は 4 月 1 日現在の所有者に課されます。

♤自賠責保険は車検期間をカバーしないといけない仕組みです。

♤未経過分の"相当額"は売上処理です。

♠自動車税と自賠責保険料の処理ポイント

　中古車を販売する際には、車両本体価格と諸費用をお客様に請求するわけですが、この諸費用のうち、自動車税と自賠責保険料の取扱いについては特に注意が必要です。

　具体的には、第 2 章の Q 12 の中で"相当額"の考え方についてご紹介したとおり、「未経過分の自動車税"相当額"」や「未経過分の自賠責保険料"相当額"」として受け取る金額について、この後に、販売する在庫車両の登録状態別に詳しく説明していきますので、その意味を正しく理解し、適切な経理処理を行うようにしてください。

♠自動車税が課される仕組み

　自動車税とは、毎年 4 月 1 日における自動車の所有者（または使用者）に対して課される税金のことです。

　自動車を年の途中で新規登録（中古新規を含む）した場合には、月割で課されます。逆に、自動車を年の途中で廃車にした場合には、月割で還付されます。

　なお、軽自動車に課される軽自動車税については、年間課税のみが行われ、自動車税のような月割という制度はありません。

　したがって、軽自動車を年の途中で新規登録した場合には、その年度分は課税されず、逆に軽自動車を年の途中で廃車にした場合であっても、還付はされません。

♠自賠責保険と車検の関係

　自賠責保険とは、自動車損害賠償責任保険の略称で、自動車（軽自動車、バイク、原付を含む）の持ち主が必ず加入しなければならないことになっている損害保険です。

　そして、車検対象自動車の場合には、自賠責保険の保険期間が車検有効期間をカバー（車検有効期間より1日でも多く自賠責保険に加入）していなければ、車検証の交付を受けることができない制度となっていることから、車検や新規登録を行う場合には、新たに自賠責保険への加入が必要になります。

♠中古車販売時における在庫車両の3つの分類

　中古車販売とは、自店に在庫している車両を販売することをいうわけですが、その在庫車両の登録状態（書類上の状態）については、次の3つに分類されます。

1　継続車検を受ける車両

　いわゆる車検切れナンバープレート付きの車両。

　車検有効期限が短いので現在の車検を切って、販売時に新たに車検2年付で販売する車両も含みます。

2　中古新規となる車両

　既に廃車（一時抹消）手続がされていて、ナンバープレートが付いていない車両。

3　車検残のある車両

　車検有効期限が残っている車両。

　この分類は、中古車販売業務に従事されている方には、説明するまでもない内容かと思いますが、この後にご紹介する実務処理を理解する上で非常に重要な分類項目となりますので、改めてご確認ください。

♠未経過分の相当額は売上処理

　これまで、自動車税の仕組みや自賠責保険と車検の関係などについて解説してきましたが、実際の登録時や名義変更時には支払いの必要がないケース

であっても、中古車販売業界には、未経過分の相当額としてお客様に自動車税や自賠責保険料の月割分を請求する取引慣行があります。

　図表33は、中古車販売店において一般的に利用されている注文書の一部を抜粋したものです。

【図表33　中古車販売時における注文書（一部抜粋）】

車両販売価格	内訳		金額
	車両本体価格		
	車検整備・納車点検費用		
	付属品等		
	車両　計		
	諸費用A：税金等		
	諸費用B：販売諸費用		
	諸費用C：その他		
	合計①		

お支払条件	内訳	金額
	現金	
	（うち申込金）	
	下取り価格	
	下取車残債	
	合計②	
	割賦元金（①－②）	

諸費用		内訳		金額
	税金等	自動車税	ヶ月	
		自動車重量税	年分	
		自賠責保険料	ヶ月	
		小計A（非課税）		
	販売諸費用	検査登録費用		
		車庫証明費用		
		下取関連費用		
		納車費用		
		自動車税（未経過）	ヶ月	
		自賠責（未経過）	ヶ月	
		小計B（課税）		
	その他	リサイクル預託金		
		検査・登録諸費用		
		車庫証明諸費用		
		小計C（非課税）		

　このうち、右側の諸費用の項目にご注目ください。税金等として「自動車税」「自賠責保険料」の記載があり、さらに販売諸費用として「自動車税（未経過)」「自賠責（未経過)」という項目があるのが確認できます。

　税金等の欄に記載された「自動車税」「自賠責保険料」については、実際に登録等を行う際に支出する費用の預り金ですから、「車販預り金」として処理します。

　一方、販売諸費用の欄に記載された「自動車税（未経過)」「自賠責（未経過)」については、未経過分の相当額としてお客様から受け取るものであり、これらは車両代金の一部、すなわち「売上高」として処理すべき項目です。

　より具体的な経理処理については、前述の在庫車両の3つの分類ごとに、Q30～Q32の中で詳しくご紹介します。

Q30 継続車検を受ける車両を販売したときの処理は

Answer Point

♤月割自動車税の納付はありません。

♤自賠責保険は新規に加入します。

♤リサイクル預託金は別科目で処理します。

♠継続車検を受ける車両を販売したときの注文書

　図表34は、継続車検を受ける車両を販売したときの注文書の記載例です。

【図表34　継続車検を受ける車両を販売したときの注文書】

注文日：令和元年11月15日

車名	○○○○ 2.0Gエディション

車両販売価格	内訳	金額
	車両本体価格	500,000
	車検整備・納車点検費用	55,000
	付属品等	－
	車両　計	555,000
	諸費用A：税金等	53,380
	諸費用B：販売諸費用	63,700
	諸費用C：その他	19,960
	合計①	692,040

お支払条件		金額
	現金	692,040
	（うち申込金）	(50,000)
	下取り価格	
	下取車残債	
	合計②	692,040
	割賦元金（①－②）	－

車検	検2年付

諸費用		内訳		金額
税金等		自動車税	ヶ月	
		自動車重量税	2　年分	24,600
		自賠責保険料	25　ヶ月	28,780
		小計A　（非課税）		53,380
販売諸費用		検査登録費用		22,000
		車庫証明費用		11,000
		下取関連費用		
		納車費用		11,000
		自動車税（未経過）	6　ヶ月	19,700
		自賠責（未経過）	ヶ月	
		小計B　（課税）		63,700
その他		リサイクル預託金		13,960
		検査・登録諸費用		3,400
		車庫証明諸費用		2,600
		小計C　（非課税）		19,960

♠継続車検を受ける車両を販売したときの仕訳

　そして、継続車検を受ける車両を販売したときの具体的な仕訳例は、図表

35 のようになります。

【図表 35　継続車検を受ける車両を販売したときの仕訳例】

日付	借　方		貸　方		摘　要
	現金	50,000	車両売上高	500,000	車両本体
	売掛金	642,040	整備売上高	55,000	整備点検
			車両売上高	19,700	未経過自動車税相当額
			手数料売上高	44,000	検査登録・車庫証明・納車
11/15			車販預り金_重量税	24,600	自動車重量税
			車販預り金_自賠責	28,780	自賠責保険料
			車販預り金_その他	6,000	検査登録・車庫証明
			R預託金売上高	13,960	リサイクル預託金
	借方合計	692,040	貸方合計	692,040	

残高試算表（貸借対照表）

勘定科目	前期繰越	期間借方	期間貸方	当期残高
現　　　金	0	50,000		50,000
売　掛　金	0	642,040		642,040
車販預り金_重量税	0		24,600	24,600
車販預り金_自賠責	0		28,780	28,780
車販預り金_その他	0		6,000	6,000

残高試算表（損益計算書）

勘定科目	前期繰越	期間借方	期間貸方	当期残高
車 両 売 上 高	0		519,700	519,700
整 備 売 上 高	0		55,000	55,000
手 数 料 売 上 高	0		44,000	44,000
R預託金売上高	0		13,960	13,960

♦継続車検を受ける車両のポイント

　継続車検を受ける車両を販売したときのポイントは、既にナンバープレートが付いているので、お客様名義への登録時に月割自動車税の納付が不要であること、そして車検は切れているので、自賠責保険には新規加入する必要があることです。

これら2つのことを再確認した上で、改めて図表34の注文書記載例を見てみましょう。自動車税は、実際には納付する必要がありませんので、販売諸費用欄の「自動車税（未経過）」に月割で金額が記載されています。一方、自賠責保険は継続車検を受ける際に新たに加入することになりますので、税金等欄の「自賠責保険料」に金額が記載されています。

　そして、Q 29でご紹介したとおり、未経過分の相当額である自動車税（未経過）19,700は、車両代金の一部として「車両売上高」の科目で仕訳処理されていることを図表35の仕訳例で確認してください。

♠注文書の内容を1枚の仕訳伝票に

　中古車販売時の仕訳処理のポイントとしては、注文書の内容を図表35のように1枚の仕訳伝票に落とし込んでしまうということです。こうすることによって、販売時の仕訳処理をある程度パターン化することができ、業務の効率化が図れます。

　なお、Q 24の中で、売上の計上時期については登録日基準を推奨しましたが、契約日（注文書の日付）ベースで仕訳伝票を入力したほうが管理しやすいということであれば、日々の経理業務においては、契約日ベースで仕訳伝票を入力し、決算日直前の契約分についてのみ、決算時に登録日基準に修正を加える方法でも問題ありません。

♠リサイクル預託金は金銭債権の譲渡

　リサイクル預託金の処理については、仕入時に立替金で処理して、販売時に立替金を取り崩す処理を採用している販売店が散見されますが、中古車販売におけるリサイクル預託金は金銭債権の譲渡であると考えてください。

　詳しくは、第4章のQ 41と第5章のQ 55でご紹介しますが、ここでは、通常の車両売上とは別の種類の売上として、勘定科目を分けて処理するということを押さえておいてください。

♠契約後のお金の動きにかかる仕訳処理

　中古車販売業においては、前述のとおり、注文書の内容を1枚の仕訳伝票

に落とし込んでしまうことがポイントとなりますので、仕訳処理の大半は、この1枚の仕訳伝票で済みます。

　しかし、この段階では、契約時に受け取った申込金（いわゆる手付金）以外にはお金は動いていませんので、その後のお金の動きにかかる仕訳処理をここでご紹介します。

　例えば、11/15に図表34の注文書により契約があった後、次のようなお金の動きをした場合の仕訳処理は、図表36のようになります。

・11/18　お客様から残金642,040が入金
・11/20　警察署にて車庫証明申請手数料2,600を支払
・11/25　車検登録に際し、重量税24,600、検査印紙代等3,400を支払

【図表36　契約後のお金の動きにかかる仕訳例 】

日付	借　方		貸　方		摘　要
11/18	現金	642,040	売掛金	642,040	残金入金
11/20	車販預り金_その他	2,600	現金	2,600	車庫証明申請手数料
11/25	車販預り金_重量税	24,600	現金	24,600	自動車重量税
	車販預り金_その他	3,400	現金	3,400	検査印紙代等

残高試算表（貸借対照表）

勘定科目	前期繰越	期間借方	期間貸方	当期残高
現　　　金	50,000	642,040	30,600	661,440
売　掛　金	642,040		642,040	0
車販預り金_重量税	24,600	24,600		0
車販預り金_自賠責	28,780			28,780
車販預り金_その他	6,000	6,000		0

　なお、仕訳処理後の残高試算表において「車販預り金_自賠責」の残高が28,780残っていますが、これにかかる処理については、Q36で詳しくご説明します。

Q 31　中古新規となる車両を販売したときの処理は

Answer Point

♤月割自動車税の納付が必要です。

♤自賠責保険は新規に加入します。

♤注文書の記載内容だけを根拠に処理してはいけません。

♠中古新規となる車両を販売したときの注文書

　図表 37 は、中古新規となる車両を販売したときの注文書の記載例です。

【図表 37　中古新規となる車両を販売したときの注文書】

<u>注文日：令和元年11月15日</u>

車名	○○○○ 2.0Gエディション

車検	検 2 年付

	内訳	金額
車両販売価格	車両本体価格	500,000
	車検整備・納車点検費用	55,000
	付属品等	－
	車両　計	555,000
	諸費用A：税金等	73,080
	諸費用B：販売諸費用	44,000
	諸費用C：その他	19,960
	合計①	692,040

		内訳		金額
税金等		自動車税	6 ヶ月	19,700
		自動車重量税	2 年分	24,600
		自賠責保険料	25 ヶ月	28,780
		小計A（非課税）		73,080
諸費用	販売諸費用	検査登録費用		22,000
		車庫証明費用		11,000
		下取関連費用		
		納車費用		11,000
		自動車税（未経過）	ヶ月	
		自 賠 責（未経過）	ヶ月	
		小計B（課税）		44,000
	その他	リサイクル預託金		13,960
		検査・登録諸費用		3,400
		車庫証明諸費用		2,600
		小計C（非課税）		19,960

		金額
お支払条件	現金	692,040
	（うち申込金）	(50,000)
	下取り価格	
	下取車残債	
	合計②	692,040
	割賦元金（①－②）	－

♠中古新規となる車両を販売したときの仕訳

　そして、中古新規となる車両を販売したときの具体的な仕訳例は、図表38のようになります。

【図表38　中古新規となる車両を販売したときの仕訳例】

日付	借　方		貸　方		摘　要
	現金	50,000	車両売上高	500,000	車両本体
	売掛金	642,040	整備売上高	55,000	整備点検
			手数料売上高	44,000	検査登録・車庫証明・納車
			車販預り金_自車税	19,700	自動車税
11/15			車販預り金_重量税	24,600	自動車重量税
			車販預り金_自賠責	28,780	自賠責保険料
			車販預り金_その他	6,000	検査登録・車庫証明
			R預託金売上高	13,960	リサイクル預託金
	借方合計	692,040	貸方合計	692,040	

残高試算表（貸借対照表）

勘定科目	前期繰越	期間借方	期間貸方	当期残高
現　　　金	0	50,000		50,000
売　掛　金	0	642,040		642,040
車販預り金_自車税	0		19,700	19,700
車販預り金_重量税	0		24,600	24,600
車販預り金_自賠責	0		28,780	28,780
車販預り金_その他	0		6,000	6,000

残高試算表（損益計算書）

勘定科目	前期繰越	期間借方	期間貸方	当期残高
車両売上高	0		500,000	500,000
整備売上高	0		55,000	55,000
手数料売上高	0		44,000	44,000
R預託金売上高	0		13,960	13,960

♠中古新規となる車両のポイント

　中古新規となる車両を販売したときのポイントは、既に廃車手続きがされ

ていてナンバープレートが付いていないので、新規登録時に月割自動車税の納付が必要であること、そして車検も新規に２年取得することになるので、自賠責保険には新規加入する必要があることです。

　これら２つのことを再確認した上で、改めて図表37の注文書記載例を見てみましょう。自動車税、自賠責保険料ともに、実際に納付等が必要ですので、税金等欄の「自動車税」、「自賠責保険料」に金額が記載されています。

　つまり、中古新規となる車両を販売した際には、Q29でポイントとなった未経過分の相当額は発生しないということです。

♠注文書記載内容だけで経理処理を行わない

　「中古新規となる車両」と「継続車検を受ける車両」の相違点は、販売時点における登録の有無だけで、いずれも注文書には「検２年付」と表示されます。

　本書の設例でご紹介している注文書の記載例では、未経過分の相当額である「自動車税」や「自賠責保険料」の記載欄が別に設けられていますが、利用されている車販ソフト等によっては、図表39のようにこれらの記載欄が区別されていないこともありますので、注文書の記載内容だけでなく、在庫車両の登録状態を確認した上で適切な経理処理を行ってください。

【図表39　未経過分の相当額の記載欄がない注文書フォーム】

車両販売価格	内訳	金額
	車両本体価格	
	車検整備・納車点検費用	
	付属品等	
	車両　計	
	諸費用Ａ：預り法定費用	
	諸費用Ｂ：手続代行費用	
	合計①	

お支払条件	現金	
	（うち申込金）	
	下取り価格	
	下取車残債	
	合計②	
	割賦元金（①－②）	

諸費用		内訳		金額
預り法定費用		自動車税	ヶ月	
		自動車重量税	年分	
		自賠責保険料	ヶ月	
		リサイクル預託金		
		検査・登録諸費用		
		車庫証明諸費用		
		小計Ａ（非課税）		
手続代行費用		検査登録費用		
		車庫証明費用		
		下取関連費用		
		納車費用		
		小計Ｂ（課税）		

Q 32　車検残のある車両を販売したときの処理は

Answer Point

♤月割自動車税の納付はありません。

♤自賠責保険は新規に加入しません。

♤3つの分類ごとの処理を整理しておきましょう。

♠車検残のある車両を販売したときの注文書

　図表40は、車検残のある車両を販売したときの注文書の記載例です。

【図表40　車検残のある車両を販売したときの注文書】

注文日：令和元年11月15日

車名	○○○○ 2.0Gエディション

	内訳	金額
車両販売価格	車両本体価格	500,000
	車検整備・納車点検費用	38,500
	付属品等	–
	車両　　計	538,500
	諸費用A：税金等	–
	諸費用B：販売諸費用	70,960
	諸費用C：その他	19,960
	合計①	629,420

		金額
お支払条件	現金	629,420
	（うち申込金）	(50,000)
	下取り価格	
	下取車残債	
	合計②	629,420
	割賦元金（①－②）	–

車検	令和2年10月31日		

	内訳		金額
税金等	自動車税	ヶ月	
	自動車重量税	年分	
	自賠責保険料	ヶ月	
	小計A（非課税）		–
諸費用 販売諸費用	検査登録費用		16,500
	車庫証明費用		11,000
	下取関連費用		
	納車費用		11,000
	自動車税（未経過）	6 ヶ月	19,700
	自賠責（未経過）	11 ヶ月	12,760
	小計B（課税）		70,960
その他	リサイクル預託金		13,960
	検査・登録諸費用		3,400
	車庫証明諸費用		2,600
	小計C（非課税）		19,960

♠車検残のある車両を販売したときの仕訳

そして、車検残のある車両を販売したときの具体的な仕訳例は、図表41のようになります。

【図表41　車検残のある車両を販売したときの仕訳例】

日付	借　方		貸　方		摘　要
11/15	現金	50,000	車両売上高	500,000	車両本体
	売掛金	579,420	整備売上高	38,500	整備点検
			車両売上高	19,700	未経過自動車税相当額
			車両売上高	12,760	未経過自賠責保険料相当額
			手数料売上高	38,500	検査登録・車庫証明・納車
			車販預り金_その他	6,000	検査登録・車庫証明
			R預託金売上高	13,960	リサイクル預託金
	借方合計	629,420	貸方合計	629,420	

残高試算表（貸借対照表）

勘定科目	前期繰越	期間借方	期間貸方	当期残高
現　　金	0	50,000		50,000
売　掛　金	0	579,420		579,420
車販預り金_その他	0		6,000	6,000

残高試算表（損益計算書）

勘定科目	前期繰越	期間借方	期間貸方	当期残高
車両売上高	0		532,460	532,460
整備売上高	0		38,500	38,500
手数料売上高	0		38,500	38,500
R預託金売上高	0		13,960	13,960

♠車検残のある車両のポイント

車検残のある車両を販売したときのポイントは、既にナンバープレートが付いているので、お客様名義への登録時に月割自動車税の納付が不要であること、そして車検有効期間中は自賠責保険も残っているので新たに自賠責保険に加入する必要がないことです。

これら２つのことを再確認した上で、改めて図表40の注文書記載例を見てみましょう。自動車税は実際には納付する必要がありませんので、販売諸費用欄の「自動車税（未経過）」に月割で金額が記載されています。さらに、自賠責保険も新たに加入する必要がありませんので、販売諸費用欄の「自賠責（未経過）」に月割で金額が記載されています。

　そして、Q29でご紹介したとおり、未経過分の相当額である自動車税（未経過）19,700および自賠責保険料（未経過）12,760は、車両代金の一部として「車両売上高」の科目で仕訳処理されていることを図表41の仕訳例で確認してください。

♦自動車税・自賠責保険料の支払発生一覧

　これまで３つの在庫車両登録状態別に車両販売時の処理についてご紹介しましたが、これらの車両をお客様に納車するまでに行う手続の過程において、自動車税と自賠責保険料の支払が生じるか否かを一覧表にしたのが、図表42となります。

　この一覧表中で「×」になっていて、お客様から受け取ったものについては、未経過分の相当額ということになります。

【図表42　自動車税・自賠責保険料の支払発生一覧表】

項目／分類	継続車検	中古新規	車検残あり
自　動　車　税	×	○	×
自 賠 責 保 険 料	○	○	×

♦販売・売上にかかる経理処理と仕入・在庫にかかる経理処理

　中古車販売店の税務顧問を担当しておりますと、販売店ごとに実に様々な経理処理を採用していることに驚かされます。

　これまで店舗独自の経理処理を採用していた販売店が、販売・売上にかかる経理処理のみを本章でご紹介している方法に変更したとしても、正しい利益計算・税金計算とはなりません。第４章の仕入・在庫にかかる経理処理もあわせて適正な経理処理に変更して、初めて正しい利益計算・税金計算が実現するということをここで補足しておきます。

Q33 登録日が翌月となり自動車税を多く預かりすぎたときの処理は

Answer Point

♧預り超過分は返金するのが原則です。

♧返金しない場合の預り超過分は雑収入に振替えましょう。

♧代替サービス品は当該代替品の該当科目で処理します。

♠自動車税の預り超過とは

中古新規となる車両を販売した場合、月末付近の契約であるなどの事情により月内登録が間に合わないことが明らかであれば、そのことを考慮した月割自動車税をお客様に請求すべきです。

しかし、実務においては、お客様が準備した登録書類に不備があったり、整備サイドで何らかの遅延があったりと、様々な要因から登録月が翌月にずれ込んでしまうケースがあります。

このような場合、お客様から預かった月割自動車税の金額と登録時に納める月割自動車税の金額に差異が生じてしまい、手元に月割自動車税の1か月分が残ってしまうという預り超過の状態が発生します。

♠預り超過分の返金処理

月割自動車税の預り超過が発生した場合、当該超過分は、お客様から多く預かり過ぎてしまったお金であるため、原則としてお客様に返金すべきものです。

実際には、注文書の細かい内容を改めて見直すお客様は少ないので、返金しなくても問題が発生するケースは実務上ほとんどないのですが、納車時に差額分を現金で返金すると、お客様は大変喜ばれます。金額云々ではなく、きっちりした真面目な販売店であるというイメージを持ってもらうことで、将来のリピート販売や紹介販売へ繋がるものであると筆者は考え、返金処理を推奨しています。

それでは、下記の様な自動車税の預り超過が発生した場合の仕訳処理（月割自動車税に関する部分を抜粋）と「車販預り金（自動車税）」の残高推移をご紹介します。

・9/15　お客様と6か月分の月割自動車税19,700を含む契約を締結
・10/5　登録に際し5か月分の16,400を支払
・10/9　納車の際に、預り超過分3,300をお客様に返金

【図表43　預り超過自動車税にかかる仕訳例（販売時）】

日付	借　方		貸　方		摘　要
9/15	売掛金	19,700	車販預り金_自車税	19,700	自動車税

残高試算表（貸借対照表）

勘定科目	前期繰越	期間借方	期間貸方	当期残高
車販預り金_自車税	0		19,700	19,700

【図表44　預り超過自動車税にかかる仕訳例（登録時）】

日付	借　方		貸　方		摘　要
10/5	車販預り金_自車税	16,400	現金	16,400	自動車税納入

残高試算表（貸借対照表）

勘定科目	前期繰越	期間借方	期間貸方	当期残高
車販預り金_自車税	19,700	16,400		3,300

【図表45　預り超過自動車税にかかる仕訳例（納車時）】

日付	借　方		貸　方		摘　要
10/9	車販預り金_自車税	3,300	現金	3,300	預り超過分返金

残高試算表（貸借対照表）

勘定科目	前期繰越	期間借方	期間貸方	当期残高
車販預り金_自車税	3,300	3,300		0

♠返金しない場合の経理処理

　月割自動車税の預り超過分をお客様に返金した場合の仕訳処理は前述のとおりですが、注文書の契約条項や特記事項に「差異が生じても精算しない」旨の記載があるなどの理由から、返金処理を行わなかった場合には、預り超過分を雑収入に振り替える処理が必要となります。

　それでは、先ほどと同じ設例で返金処理を行わなかった場合の仕訳処理についてご紹介します。

・9/15　お客様と6か月分の月割自動車税19,700を含む契約を締結

・10/5　登録に際し5か月分の16,400を支払い、預り超過分は返金しない

【図表46　預り超過自動車税にかかる仕訳例（登録時）】

日付	借　　方		貸　　方		摘　　要
10/5	車販預り金_自車税	19,700	現金	16,400	自動車税納入
			雑収入	3,300	預り超過分振替

残高試算表（貸借対照表）

勘定科目	前期繰越	期間借方	期間貸方	当期残高
車販預り金_自車税	19,700	19,700		0

残高試算表（損益計算書）

勘定科目	前期繰越	期間借方	期間貸方	当期残高
雑　収　入	0		3,300	3,300

　販売時の処理は、図表43と全く同じですので割愛しますが、登録時の仕訳処理では、預り超過分3,300を「雑収入」に振り替えることにより、「車販預り金（自動車税）」の残高がゼロになっていることが確認できます。

　なお、実務においては、預り超過分を返金しない代わりに、納車時にガソリンを満タンにするなど、代替品(代替サービス)を提供することがあります。このような場合には、図表46の処理を行った上で、当該代替品については、その該当科目（ガソリン代の場合には「燃料費」など）で処理することになります。

Q 34　自動車取得税の廃止と環境性能割の概要は

Answer Point

♤自動車取得税が廃止され、環境性能割が導入されています。

♤環境性能割については、新車・中古車を問わず対象となります。

♤車両本体価格に含まれないオプション品に注意しましょう。

♠自動車取得税の廃止

　自動車取得税とは、都道府県が課す税金で、取得価額が50万円を超える「自動車の取得」に対して、「その取得者」に課されていた税金です。

　しかし、自動車の購入時に「消費税」と「自動車取得税」という2つの税金が同時に課されるという事実が、かねてより「二重課税ではないか」と疑問視されていた経緯もあり、消費税率が10%に増税される令和元年10月1日より自動車取得税は廃止されています。

♠環境性能割の導入

　環境性能割とは、消費税率が10%に増税される令和元年10月1日より自動車取得税に代わって導入された新税で、自動車を取得した者に対して課される税金です。

　なお、その税率は、燃費性能等に応じて、非課税・1%・2%・3%の4段階に区分されており、新車を購入した場合と中古車を購入した場合では、適用される税率は同一となります。

♠中古車を購入した場合の環境性能割の計算

　中古車の環境性能割の税額は、「課税標準基準額」に経過年数に応じた一定の「残価率」を乗じて取得価額（現在の価値に相当する金額）を算出し、この取得価額に適用税率を乗じて計算します。

　なお、課税標準基準額とは、車検証記載の型式などから車種やグレードを

判断し、その自動車の新車価格からおおよその値引額を引いた金額となっており、概ね新車価格の90%となります。

【図表47　環境性能割の税率（2025年4月以降・自家用車の場合）】

燃費性能等			税率	
			登録車	軽自動車
電気自動車等			非課税	非課税
ガソリン車	2018年排ガス基準50%低減 又は 2005年排ガス規制75%低減	2030年度燃費基準95%以上達成		
		2030年度燃費基準85%以上達成	1.0%	
		2030年度燃費基準80%以上達成	2.0%	
		2030年度燃費基準70%以上達成		1.0%
	上記以外　又は　2020年度燃費基準未達成		3.0%	2.0%

♠環境性能割と付加物（オプション品）

　環境性能割の課税標準は、自動車の取得のために通常要する価額とされていますが、自動車に取り付けられる付加物についても、課税標準に算入し課税の対象とすることとされています。

　環境性能割の課税対象となる付加物は、自動車購入時に取り付けた車両と一体化したオプション品をいい、具体的には、カーナビ、カーオーディオ、アルミホイールなどがこれに該当します。

♠環境性能割導入が中古車販売店に与える影響

　自動車取得税が廃止され環境性能割が導入された背景には、自動車取得税と消費税の取得時二重課税問題という消費者側への配慮がありました。

　また、1年間の臨時的軽減措置により消費税増税による駆け込み需要および反動減抑止への対応を行うなど、事業者側への配慮もなされました。

　確かに、この自動車取得税から環境性能割への税制移行により新車販売台数の約半分が非課税となり、その減税額は200億円ともいわれておりますが、これはあくまでも新車販売に注目した数字であり、中古車販売業を営むすべての事業者によい影響を与えるものではありませんでした。Ｑ1でも説明しましたとおり、税制は一過性のものと捉えて、税制に左右されない強固な経営基盤を確立することが重要であると筆者は考えます。

Q 35　価格交渉で値引きを行ったときの処理は

Answer Point

♧値引きには２パターンあります。

♧項目が明確でない場合は車両本体の値引きと考えます。

♧売上値引きの勘定科目は使用しません。

♠中古車販売業における２つの値引きパターン

　中古車の場合、複数の候補車両を相見積りすることによる値引き交渉が困難であるため、新車のような値引き幅はありませんが、定価というものが存在しないため、商談段階で多少の値引き交渉が行われるのが一般的です。

【図表48　値引き交渉前の御見積書】

御　見　積　書

| 車名 | ○○○○ 2.0Gエディション | | 車検 | 令和2年8月31日 |

	内訳	金額			内訳		金額
車両販売価格	車両本体価格	500,000	税金等		自動車税	ヶ月	
	車検整備・納車点検費用	38,500			自動車重量税	年分	
	付属品等	－			自賠責保険料	ヶ月	
	車両　計	538,500					
	諸費用Ａ：税金等	－			小計Ａ　（非課税）		－
	諸費用Ｂ：販売諸費用	70,960	諸費用	販売諸費用	検査登録費用		16,500
	諸費用Ｃ：その他	19,960			車庫証明費用		11,000
					下取関連費用		
	合計①	629,420			納車費用		11,000
					自動車税（未経過）	6 ヶ月	19,700
お支払条件	現金	629,420			自賠責（未経過）	11 ヶ月	12,760
	（うち申込金）	(50,000)			小計Ｂ　（課税）		70,960
	下取り価格				リサイクル預託金		13,960
	下取車残債			その他	検査・登録諸費用		3,400
	合計②	629,420			車庫証明諸費用		2,600
	割賦元金　（①－②）	－			小計Ｃ　（非課税）		19,960

図表48は、値引き交渉が行われる前の見積書です。この見積書を基に、中古車販売業において主として採用される2つの値引きパターンについてご紹介します。

1　特定の項目を減額するパターン

1つ目は、特定の項目を減額する方法で、最も多いのは車庫証明の代行費用などをサービスするケースです。

【図表49　値引き交渉後の御見積書（車庫証明費用をサービス）】

御　見　積　書

車名	○○○○ 2.0Gエディション	車検	令和2年8月31日

	内訳	金額
車両販売価格	車両本体価格	500,000
	車検整備・納車点検費用	38,500
	付属品等	−
	車両　計	538,500
	諸費用A：税金等	−
	諸費用B：販売諸費用	59,960
	諸費用C：その他	19,960
	合計①	618,420

		金額
お支払条件	現金	618,420
	（うち申込金）	(50,000)
	下取り価格	
	下取車残債	
	合計②	618,420
	割賦元金（①−②）	−

		内訳		金額
諸費用	税金等	自動車税	ヶ月	
		自動車重量税	年分	
		自賠責保険料	ヶ月	
		小計A（非課税）		−
	販売諸費用	検査登録費用		16,500
		車庫証明費用		**−**
		下取関連費用		
		納車費用		11,000
		自動車税（未経過）	6 ヶ月	19,700
		自賠責（未経過）	11 ヶ月	12,760
		小計B（課税）		59,960
	その他	リサイクル預託金		13,960
		検査・登録諸費用		3,400
		車庫証明諸費用		2,600
		小計C（非課税）		19,960

先ほどの図表48と見比べるとわかりますが、書庫証明費用11,000が値引きされてゼロ（−）になっています。

2　総額から減額するパターン

2つ目は、総額から一定額を減額する方法で、端数分を値引きする際に多く用いられています。

【図表 50　値引き交渉後の御見積書（端数分をサービス）】

御 見 積 書

車名	○○○○ 2.0Gエディション	車検	令和2年8月31日

<table>
<tr><th colspan="3">内訳</th><th>金額</th></tr>
<tr><td rowspan="9">車両販売価格</td><td colspan="2">車両本体価格</td><td>500,000</td></tr>
<tr><td colspan="2">車検整備・納車点検費用</td><td>38,500</td></tr>
<tr><td colspan="2">付属品等</td><td>－</td></tr>
<tr><td colspan="2" style="text-align:center">車両　計</td><td>538,500</td></tr>
<tr><td colspan="2"></td><td></td></tr>
<tr><td colspan="2">諸費用A：税金等</td><td>－</td></tr>
<tr><td colspan="2">諸費用B：販売諸費用</td><td>70,960</td></tr>
<tr><td colspan="2">諸費用C：その他</td><td>19,960</td></tr>
<tr><td colspan="2">**特別値引き**</td><td>▲ 29,420</td></tr>
<tr><td></td><td colspan="2" style="text-align:center">合計①</td><td>600,000</td></tr>
</table>

	内訳		金額
税金等	自動車税	ヶ月	
	自動車重量税	年分	
	自賠責保険料	ヶ月	
	小計A　（非課税）		－
諸費用／販売諸費用	検査登録費用		16,500
	車庫証明費用		11,000
	下取関連費用		
	納車費用		11,000
	自動車税（未経過）	6 ヶ月	19,700
	自 賠 責（未経過）	11 ヶ月	12,760
	小計B　（課税）		70,960
その他	リサイクル預託金		13,960
	検査・登録諸費用		3,400
	車庫証明諸費用		2,600
	小計C　（非課税）		19,960

お支払条件	現金	600,000
	（うち申込金）	(50,000)
	下取り価格	
	下取車残債	
	合計②	600,000
	割賦元金（①－②）	－

　図表 50 も、先ほどの図表 48 と見比べるとわかりますが、新たに「特別値引き」という項目を設けて、総支払額がキリのよい 600,000 となるように、端数分の 29,420 を減額しています。

♠値引きを行った際の経理処理

　中古車販売業において主として採用される2つの値引きパターンについてご紹介しましたが、次に、このような値引きが行われた場合の具体的な仕訳処理について考えてみます。

　まず、1つ目の「1　特定の項目を減額する方法」で値引きを行った場合には、その項目に関する手数料売上などを減額または計上しないだけで対応ができますので、難しい処理はありません。

　しかし、2つ目の「2　総額から一定額を減額する方法」では、特定の項目から減額したわけではありませんので、その処理に悩んでしまいます。こ

のような場合には、車両本体価格からの値引きと考えるのが一般的です。

　なお、勘定科目としての「売上値引き」は、販売した商品について、品質不良、破損、数量不足などがあった場合に商品代金から値引きした金額を処理するための勘定科目となりますので、中古車販売業における値引きの際には通常用いません。

　最後に、図表49・図表50の見積書に基づいて、それぞれの値引きパターンの具体的な仕訳処理を図表51・図表52に記載しておきます。

【図表51　車庫証明費用を減額した場合の仕訳処理】

日付	借　　方		貸　　方		摘　　要
 　 　 ─ 　 　 	現金	50,000	車両売上高	500,000	車両本体
	売掛金	568,420	整備売上高	38,500	整備点検
			車両売上高	19,700	未経過自動車税相当額
			車両売上高	12,760	未経過自賠責保険料相当額
			手数料売上高	27,500	検査登録・納車
			車販預り金_その他	6,000	検査登録・車庫証明
			R預託金売上高	13,960	リサイクル預託金
	借方合計	618,420	貸方合計	618,420	

　「手数料売上高」を減額分11,000減らして仕訳処理しています。

【図表52　総額から一定額を減額した場合の仕訳処理 】

日付	借　　方		貸　　方		摘　　要
 　 　 ─ 　 　 	現金	50,000	車両売上高	500,000	車両本体
	売掛金	550,000	整備売上高	38,500	整備点検
			車両売上高	19,700	未経過自動車税相当額
			車両売上高	12,760	未経過自賠責保険料相当額
			手数料売上高	38,500	検査登録・納車
			車販預り金_その他	6,000	検査登録・車庫証明
			R預託金売上高	13,960	リサイクル預託金
	車両売上高	29,420			特別値引き
	借方合計	629,420	貸方合計	629,420	

　特別値引き分29,420を「車両売上高」のマイナス（借方計上）として仕訳処理しています。

Q 36　自賠責保険料の手数料売上の計上方法は

Answer Point

♤自賠責保険料は後日まとめて保険会社に送金します。

♤手数料売上は保険会社への送金時に計上します。

♤振込手数料の負担者を確認しましょう。

♠自賠責保険料のお金の流れ

　ほとんどの中古車販売店は、自賠責保険の取扱代理店をしており、保険会社に代わってお客様から自賠責保険の保険料を預かり、これを後日まとめて保険会社に送金しています。

　保険会社への保険料の送金の際に、自店の代理店手数料を差し引いた金額を振り込む流れとなり、また、振込によって行われる送金手続にかかる振込手数料の取扱いもあることから、自賠責保険料にかかる経理処理に戸惑う方も多いようです。

　しかし、自賠責保険料にかかる処理は、実は非常にシンプルですので、ここでは具体的な金額を使って仕訳処理をご紹介していきます。

♠自賠責保険料の手数料売上の計上時期

　自賠責保険料の手数料売上は、お客様から預かった保険料を保険会社に送金する時に認識し、計上します。図表53の仕訳をご覧ください。

【図表53　自賠責保険料を保険会社に送金した際の仕訳処理】

日付	借　　方		貸　　方		摘　　要
―	車販預り金_自賠責	18,160	現金	16,425	自賠責保険料送金
			保険手数料売上	1,735	自賠責保険手数料

　図表53は、契約時にお客様から25か月分の自賠責保険料18,160を預かっており、ここから自店の代理店手数料1,735を差し引いた16,425を保険会

社に送金した場合の仕訳処理です。

　契約時に「車販預り金_自賠責」として処理していた 18,160 を全額取り崩し、差し引いた代理店手数料を「保険手数料売上」として計上することにより、自賠責保険料の手数料売上を認識するのです。

♠振込手数料の仕訳処理

　保険会社に自賠責保険料を支払う際に、自店の代理店手数料だけでなく、振込手数料を差し引いた金額を振り込んでいる販売店もあると思います。これは、保険料振込時の振込手数料を保険会社が負担することになっているケースです。この場合には、実際に振り込む際に支払った振込手数料と保険会社に送金した金額の合計額を保険会社への送金額と捉えて処理することになります。

【図表 54　振込手数料を差し引いた場合の預金通帳の印字内容】

○　○　銀　行　　普　通　預　金

年月日	摘要	お支払金額	お預り金額	差引残高
6-11-25	振込	15,765	●●ホケン(カ	×××××
6-11-25	振込手数料	660		××××

　図表 54 は、先ほどの図表 53 と同じの設例で、振込手数料 660 を差し引いて支払うことになっているケースにおける預金通帳の印字内容を示したものです。

　先ほどは、お客様から預かった自賠責保険料 18,160 から自店の代理店手数料 1,735 を差し引いた 16,425 を保険会社に送金しましたが、このケースでは、この 16,425 からさらに振込手数料 660 を差し引いた 15,765 が保険会社に送金される金額となります。

　このケースでは、保険会社へ送金した金額 15,765 と実際に支払った振込手数料 660 の合計額 16,425 を保険会社への送金額と捉えて処理しますので、仕訳処理は、先ほどの図表 53 と全く同じ内容となります。

Q 37 車両を仕入れた際に支払う費用の処理は

Answer Point

♤落札料や陸送費は仕入代金に加算します。

♤リサイクル預託金は別科目で処理します。

♤在庫車両棚卸表の作成までが仕入処理です。

♠在庫車両の取得価額に含める処理とは

　中古車販売業者がオートオークションなどで車両を仕入れた場合、落札料や陸送費など、様々な費用を支払います。具体的な根拠などについては、この後ご説明しますが、これらの費用の支払いは、在庫車両の取得価額に含めて処理することになります。

　なお、在庫車両の取得価額に含めて処理するということは、支払時には「車両仕入高」として仕訳処理をしつつ、第２章のＱ 22 の中でご紹介した「在庫車両棚卸表」にその金額を記載し、その車両の取得価額に加算するということです。

♠棚卸資産の取得価額

　購入した棚卸資産の取得価額については、第２章のＱ 22 の中で簡単にご説明しましたが、ここでは、具体的な根拠規定なども交えながら、もう少し詳しく解説していきます。

　まずは、図表 55 の規定をご覧ください。

【図表 55　棚卸資産の取得価額】

＜棚卸資産の取得価額＞
　購入した棚卸資産の取得価額は、次に掲げる金額の合計額とする。
(1) 当該資産の購入の代価（引取運賃、荷役費、運送保険料、購入手数料、関税その他当該資産の購入のために要した費用がある場合には、その費用の額を加算した金額）

(2) 当該資産を消費し又は販売の用に供するために直接要した費用の額

(法人税法施行令第32条より抜粋)

　購入の代価というのは、車両の仕入代金そのものですので、特に論点はありませんが、(1)のカッコ書きの中に「購入のために要した費用がある場合には、その費用の額を加算した金額」と書かれています。

　これは、オークション会場に支払う落札料や販売店までの陸送費などがある場合には、車両の仕入代金に加算しなければならないということを意味しています。

　例えば、オートオークションで車両を1台仕入れて、図表56のような「オークション精算書」を受領したとします。

【図表56　車両仕入時のオークション精算書】

オークション精算書

▲▲自販㈱　御中　　　　　　　　　　　　　　　　　　　●●東京会場

発生日	出品No.	車名	車両代金	R預託金	自税相当額	落札料	陸送代	合計
R2.8.15	1234	○○○○1.5LTD	330,000	10,680	20,100	22,000	11,000	393,780
	合計		330,000	10,680	20,100	22,000	11,000	393,780

　このオークション精算書は、実際にオークション会場で使用されている様式を説明しやすいように加工したものとなりますが、ここに記載されている項目のうち、「落札料」と「陸送代」が「購入のために要した費用」として仕入車両の取得価額に加算すべき金額となります。

　また、その他の項目についてもご紹介しますと、「R預託金」として表示されている項目は、「リサイクル預託金」のことを指していて、通常の「車両仕入高」とは別科目の仕入項目として処理することになります。

　なお、このリサイクル預託金の取扱いについては、Q41の中で詳しく解説しておりますので、そちらをご確認ください。

そして「自税相当額」として表示されている項目は、「自動車税相当額」のことを指していて、ここに記載されている金額は、未経過分の自動車税相当額となりますので、これは第3章のQ29の中でご説明したとおり、車両代金の一部として取り扱うことになります。

♠車両仕入時の経理処理

それでは、ここから先ほどの図表56のオークション精算書に基づいた具体的な経理処理をご紹介していきます。

【図表57　車両仕入時の仕訳処理例】

日付	借　方		貸　方		摘　要
8/15	車両仕入高	330,000	現金	393,780	車両代金
	R預託金仕入高	10,680			リサイクル預託金
	車両仕入高	20,100			自動車税相当額
	車両仕入高	22,000			落札料
	車両仕入高	11,000			陸送代

リサイクル預託金については、科目名を分けていますが、すべての項目を仕入高として処理していることがご確認いただけると思います。

そして、上記仕訳処理と同時に、車販ソフトなどで図表58のような「在庫車両棚卸表」を作成しておきましょう。

【図表58　車両仕入時の在庫車両棚卸表】

在庫車両棚卸表

No.	仕入日	車名	仕入価格				
			仕入金額	自動車税等	諸費用	R預託金	合計
1	R2.8.15	○○○1.5LTD	330,000	20,100	33,000	10,680	393,780
合計			330,000	20,100	33,000	10,680	393,780

Q38 下取りや買取りで車両を仕入れたときの処理は

Answer Point

♤ 下取り・買取りの価格はコミコミ価格です。

♤ リサイクル預託金は別科目で処理します。

♤ 下取りは「販売と同時に行う買取り」と考えましょう。

♠ 下取り・買取りの価格はコミコミ価格

コミコミ価格とは、諸費用やサービス料などの付随費用が含まれており、これ以上の追加支払が発生しないという意味合いで使われる言葉ですが、中古車販売業においては、車両の販売時に「乗り出し価格」の類義語として使用されるケースがあります。

しかし、実務においては、下取価格や買取価格も、知らず知らずのうちに、このコミコミ価格になっているのです。

【図表59　車両買取時の車両売買契約書サンプル】

車両売買契約書

裏面の契約条項をよく読んでからご記入下さい。　　　　　　　　　　日付：　年　月　日

売主〔甲〕	住所		買主〔乙〕	東京都●●区●●1-2-3
	氏名			▲▲自販　株式会社
	生年月日			
	連絡先			担当：××　××

契約車両の表示及び状況			
車名		グレード・排気量	
車台番号		走行距離	km
年式		修復歴	無　・　有

売買契約金額（消費税込み）			
買取金額	百万　十万　　万　　千　　百　　十		左記金額には、未経過自賠責保険料、未経過自動車税およびリサイクル預託金額＿＿＿＿＿円を含みます。
	円		

図表 59 は、車両買取時の車両売買契約書の一部を抜粋したものですが、右下の売買契約金額に対する補足説明の記載事項に注目してください。

　ここには、「左記金額には、未経過自賠責保険料、未経過自動車税およびリサイクル預託金額＿＿＿＿＿＿＿＿＿＿円を含みます。」と書かれています。

　つまり、お客様に提示した買取金額は、未経過分の自動車税相当額やリサイクル預託金が含まれたコミコミ価格になっているのです。

♠下取時・買取時の経理処理

　この下取時・買取時の処理については、実際に数字を使って確認するほうがわかりやすいですから、図表 60 のような内容で、お客様から車両を買い取った場合の具体的な経理処理をご紹介します。

　なお、ここでは買取時の具体例のみを記載しますが、下取りというのは、「販売と同時に行う買取り」のことであり、基本的に買取りと下取りの経理処理は同じになります。

【図表 60　車両売買契約書の具体例】

車両売買契約書

裏面の契約条項をよく読んでからご記入下さい。		日付：**令和2年8月15日**

売主〔甲〕	住所	**東京都○○区○○３丁目**	買主〔乙〕	**東京都●●区●●1-2-3**
	氏名	**○○　○○**		**▲▲自販　株式会社**
	生年月日	**昭和○○年○月○日**		
	連絡先	**○○-○○○○-○○○○**		担当：××　××

契約車両の表示及び状況			
車名	**○○○**	グレード・排気量	**1.5LTD**
車台番号	**ABC12-456789**	走行距離	**57,000** km
年式	**平成20年**	修復歴	㊙ ・ 有

売買契約金額（消費税込み）		
買取金額	百万 十万 万 千 百 十 **３ ０ ０ ０ ０ ０** 円	左記金額には、未経過自賠責保険料、未経過自動車税およびリサイクル預託金額 **10,680** 円を含みます。

買取価格は300,000とキリのよい金額ですが、これに含まれているリサイクル預託金10,680については、別科目の仕入項目として処理する必要がありますので、図表61のような仕訳処理となります。

【図表61　車両買取り時の仕訳処理例】

日付	借　方		貸　方		摘　要
8/15	車両仕入高	289,320	現金	300,000	買取車　車両代金
	R預託金仕入高	10,680			買取車　リサイクル預託金

　なお、買取価格に含まれている項目のうち、未経過自賠責保険料と未経過自動車税については、車両代金の一部として取り扱うことになりますので、特に科目を分ける必要はありません。
　そして、オートオークションなどでの仕入時と同様に、買取り・下取りによる仕入を行った際にも、前述の図表58と同様の「在庫車両棚卸表」を作成しておきましょう。

♠下取車両の相手勘定は売掛金

　下取りというのは、「販売と同時に行う買取り」のことであるとご紹介しましたが、下取車のある車両販売を行った場合には、販売（売上）の経理処理と、車両買取り（仕入）の経理処理を分けて計上することになります。
　なお、この際の注意点としては、下取りの場合には、通常の仕入や買取りと違ってお金の動きがありませんので、仕入高の相手勘定を「売掛金」として処理するという点です。下取代金を販売車両の販売代金に充当すると考えるとわかりやすいでしょう。

【図表62　車両下取り時の仕訳処理例】

日付	借　方		貸　方		摘　要
－	車両仕入高	289,320	売掛金	300,000	下取車　車両代金
	R預託金仕入高	10,680			下取車　リサイクル預託金

Q 39　価格交渉で下取価格を高くしたときの処理は

Answer Point

♧下取車の高額査定は、販売車両の値引きになることがあります。

♧下取車の時価は、下取相場ではなく、世間相場による売価です。

♠価格交渉と下取価格

　新車を販売する場合においては、メーカー側から指定されている値引き幅などとの兼合いから、お客様と価格交渉を行う上で、下取車の価格を相場より高く査定して下取るケースがあります。

　そして、中古車販売においても、本体値引きは行わないといった店舗方針だったり、セールストークの 1 つだったりと理由は様々ですが、新車販売時と同様に、下取車を相場より高く下取ることが稀にあります。

♠実質値引きという考え方

　下取車を使った価格交渉というのは、販売店だけでなく一般消費者の中でも当たり前の商慣習となっていますが、このような場合には、どういった経理処理が求められるのか、税務の規定を確認しながらご紹介していきます。

　まずは、図表 63 の規定をご覧ください。

【図表 63　時価以上の価額で資産を下取りした場合の対価の額】

> ＜時価以上の価額で資産を下取りした場合の対価の額＞
> 　法人が長期割賦販売等に該当する資産の販売等を行うに当たり、頭金等として相手方の有する資産を下取りした場合において、当該資産につきその取得の時における価額を超える価額を取得価額としているときは、その超える部分の金額については取得価額に含めないものとし、その販売等をした資産については、その超える部分の金額に相当する値引きをして販売等をしたものとして取り扱う。(法基通 2-4-6)

　この規定は、下取金額を分割払いの場合における頭金に充当したケースに

焦点を当てて書かれていますが、通常の販売形態においても同様である税務の基本的な考え方を表しています。

　ここに記載されている内容を要約しますと、「時価以上の金額で資産を下取りした場合に、その時価を超える部分の金額は、下取資産の取得価額ではなく、販売した資産の値引きとして処理しなければならない」ということです。

　少しわかりづらいと思いますので、簡単な設例として「販売価格200の在庫車両を販売するに当たって、時価50の車両を70で下取った」場合の仕訳処理例を見てみましょう。

【図表64　車両買取り時の仕訳処理例】

日付	借　方		貸　方		摘　要
―	売掛金	180	車両売上高	200	車両販売代金
	車両売上高	20			値引（下取金額70-時価50）
―	車両仕入高	50	売掛金	50	下取車 時価相当額

　この図表64は、販売の仕訳処理と下取りの仕訳処理に分けて示しています。上段の販売の仕訳処理においては、下取車の時価50と実際下取金額70との差額20を販売車両の値引きとして、下段の下取りの仕訳処理においては、実際の下取金額70ではなく、下取車の時価50を車両仕入高として処理しているのが、それぞれ確認できます。

♠下取資産の時価と実務上の対応

　下取車の時価とは、下取相場をいうのではなく、世間相場による売価を指します。

　したがって、中古車販売においては、時価以上の金額で下取りを行うことは、特殊の事情がない限りは起こり得ません。

　ここでは、下取車の時価と実際下取金額があまりにも乖離した場合には、販売車両の実質値引きという処理を検討する必要があるということを押さえておいてください。

Q 40 仕入車両の商品化にかかる費用の処理は

Answer Point

♤商品化費用は取得価額に加算します。

♤商品化費用には修理費用や板金塗装費用などが該当します。

♤在庫車両棚卸表にも商品化費用を加算します。

♠商品化費用とは

　中古車販売店で店頭展示されている在庫車両の状態というのは、実に様々ではありますが、車両を仕入れてきて、何も手を加えずに展示するケースは少ないと思います。もちろん、買主が決まってから納車整備は実施しますが、店頭に商品として展示するに当たって、一定の修理や板金塗装などの補修を加えることが一般的です。

　そして、この仕入時から展示までに要する費用のことを「商品化費用」といい、仕入時に支払う費用と同様に、在庫車両の取得価額に含めて処理することになります。

♠棚卸資産の取得価額

　中古車販売店が支払う商品化費用については、在庫車両の取得価額に含めて処理をするというのは前述のとおりですが、具体的な根拠規定をご紹介しながら、もう少し詳しく解説したいと思います。

　まずは、図表 65 の規定をご覧ください。

【図表 65　棚卸資産の取得価額】

＜棚卸資産の取得価額＞
　購入した棚卸資産の取得価額は、次に掲げる金額の合計額とする。
(1) 当該資産の購入の代価（引取運賃、荷役費、運送保険料、購入手数料、関税その他当該資産の購入のために要した費用がある場合には、その費用の額を加算した金額）

(2) 当該資産を消費し又は販売の用に供するために直接要した費用の額
（法人税法施行令第32条より 抜粋）

これは、Q37でご紹介した規定と全く同じものですが、今回は(2)の記載内容に注目してください。

ここには、「販売の用に供するために直接要した費用の額」と記載されています。つまり、車両を仕入れてから、販売するために支払った修理代金や板金塗装代金は、棚卸資産の取得価額として扱う必要があるということを意味しています。

例えば、オートオークションで車両を仕入れた後、ドアパネルの板金塗装代金80,000を支払い、加修してから店頭展示した場合には、図表66のように「商品仕入高」または「外注費（売上原価）」として仕訳処理を行います。

【図表66　商品化費用支払時の仕訳処理例】

日付	借　方		貸　方		摘　要
－	車両仕入高 （外注費）	80,000	現金	80,000	仕入車両板金塗装代

なお「商品仕入高」「外注費（売上原価）」ともに売上原価項目となります。いずれを使用したとしても、売上原価は正しく計算されますので、販売店ごとに管理しやすい科目を選択して問題はありません。

重要なことは、いずれの方法で処理したとしても、「在庫車両棚卸表」にその加修費の金額を記載し、その車両の取得価額に加算するということです。

【図表67　在庫車両棚卸表（加修費の項目を表示）】

在庫車両棚卸表

No.	仕入日	車名	仕入価格					
			仕入金額	自動車税等	諸費用	R預託金	加修費	合計
1	R2.8.15	○○○1.5LTD	330,000	20,100	33,000	10,680	80,000	473,480
	合計		330,000	20,100	33,000	10,680	80,000	473,480

Q 41　リサイクル料金の仕組みとその処理は

Answer Point

♤ リサイクル料金の負担者はその車の最終所有者です。

♤ 売上時・仕入時ともリサイクル預託金は別科目で処理します。

♤ リサイクル預託金に立替金勘定は使用しません。

♠ リサイクル料金とは

　リサイクル料金とは、廃車から出るシュレッダーダスト、エアバッグ類、フロン類を自動車メーカーなどが引き取ってリサイクルや適正な処理をするために使用される料金のことです。

　その金額は、車種、エアバッグ類の個数、エアコンの有無等により、自動車メーカー・輸入業者などが１台ごとに設定して公表しています。

　リサイクル料金は、次の５つに分類されます。

① 　シュレッダーダスト料金……使用済自動車の破砕くずのリサイクルに必要な料金

② 　フロン類料金……カーエアコンの冷媒に含まれるフロン類の破壊に必要な料金

③ 　エアバッグ類料金……エアバッグ類のリサイクルに必要な料金

④ 　情報管理料金……使用済自動車の処理状況の情報管理等に必要な料金

⑤ 　資金管理料金……リサイクル料金の収納・管理等に必要な料金

　なお、④および⑤は、公益財団法人自動車リサイクル促進センター（以下、「資金管理法人」という）が公表しています。

♠ リサイクル料金とリサイクル預託金

　先ほどご紹介したリサイクル料金の５つの内訳のうち、①～④と⑤では少し取扱いが異なります。

　具体的には、①～④は将来の費用の預託であり、いわゆる「リサクル預託

金」と呼ばれるものです。

　これに対し、⑤は実務費用の負担であり、新車購入時に最初に支払った人の支払時の費用（消費税の課税仕入）となります。

　つまり、中古車販売業の実務においては、①〜④のリサイクル預託金について、仕入時および販売時に適正な経理処理を行うこととなります。

♠リサイクル料金の負担者

　リサイクル料金の負担者は、その自動車の最終所有者（廃車にした人）となっています。

　リサイクル料金を資金管理法人に支払うのは、その自動車の最初の所有者（新車で購入した人）であるため、一見すると、この最初の所有者がリサイクル料金の負担者に思えてしまいますが、リサイクル料金が既に預託されている自動車を譲渡する場合には、次の所有者のから、車両代金に加えて、リサイクル預託金相当額を受け取ることになるため、最終的に車を廃車するときの所有者がリサイクル料金を負担することになるのです。

【図表68　自動車の売買とリサイクル料金のイメージ】

♠中古車販売店におけるリサイクル預託金の処理

　リサイクル料金が既に預託されている自動車の売買が行われた場合には、車両代金に加えて、リサイクル預託金相当額の収受が行われることは前述のとおりですが、中古車販売店においては、車両の取得（仕入）と車両の譲渡（売上）の両方の取引について、当該リサイクル預託金に関する処理を行う必要があります。

具体的には、中古車販売店が行うべきことは非常にシンプルで、仕入代金または売上代金に含まれているリサイクル預託金相当額を通常の車両仕入高または車両売上高とは別科目（または別補助科目）の仕入項目または売上項目で処理するということです。

　仕入代金に含まれるリサイクル預託金の仕訳処理は、図表69のようになります。

【図表69　仕入代金に含まれるリサイクル預託金の仕訳処理】

日付	借　　方		貸　　方		摘　　要
―	車両仕入高	200,000	現金	210,680	車両代金
	R預託金仕入高	10,680			リサイクル預託金

　売上代金に含まれるリサイクル預託金の仕訳処理は、図表70のようになります。

【図表70　売上代金に含まれるリサイクル預託金の仕訳処理】

日付	借　　方		貸　　方		摘　　要
―	売掛金	310,680	車両売上高	300,000	車両代金
			R預託金売上高	10,680	リサイクル預託金

♠リサイクル預託金の立替処理の可否

　リサイクル預託金について、仕入時に立替金として処理して、販売時にその立替金を取り崩す処理を採用している販売店も散見しますが、仕入時に支払うリサイクル預託金相当額はお客様に代わって立替払いしているわけではありません。

　このリサイクル預託金相当額の収受は、金銭債権の譲渡と捉えて図表69・図表70のような仕入・売上処理が適正です。

　現在、立替金を使った処理を採用されていて、図表69・図表70の処理に違和感のある方は、図表68を今一度確認し、「既に預託されているリサイクル料金も含めて車両を仕入れて、それらを含めて車両を売却する」というイメージを持つようにしましょう。

Q 42　在庫車両を社用車に用途変更したときの処理は

Answer Point

♧資産の使用目的を変更することを用途変更といいます。

♧在庫車両は棚卸資産、社用車は有形固定資産です。

♧用途変更によって売上原価が変動しないようにします。

♠中古車販売業における在庫車両の用途変更

　用途変更とは、対象物の所有者が、その所有する対象物を当初の用途から他の用途へと変更することをいいますが、中古車販売業においては、在庫車両を代車や営業車に用途変更するケースが多く見られます。

　用途変更そのものは、販売店の意思決定とナンバー、車検の取得、自動車保険への加入など、その車両を使用できる状態にするための諸手続のみで容易に行うことができるのですが、帳簿上においても、適正な処理を行う必要があります。

♠在庫車両と社用車の違い

　販売用として保有している在庫車両は、貸借対照表において「商品」として表示され、棚卸資産として扱われます。一方、代車や営業車といった社用車は、貸借対照表において「車両運搬具」として表示され、展示場の構築物や整備工場の機械装置と同じく有形固定資産として扱われます。

　そして、社用車に転用した後は、減価償却資産として、減価償却による費用化が行われるということが、商品としての在庫車両と有形固定資産としての社用車の最大の相違点です。

　減価償却の具体的な計算方法の説明は、ここでは割愛しますが、社用車に転用した際には、転用時における経理処理に加えて、その金額を固定資産台帳に登録し、月次決算または年次決算において、減価償却費を計上することを忘れないようにしましょう。

♠用途変更に伴う他勘定振替高を使った経理処理

　在庫車両を社用車に用途変更したときの経理処理は、図表71のような1行の仕訳を追加するのみです。

【図表71　社用車への用途変更時の仕訳処理】

日付	借　　方		貸　　方		摘　　要
－	車両運搬具	××	他勘定振替高	××	社用車に用途変更

　処理自体はとてもシンプルですが、この1行の仕訳を行うことの目的と、それにより損益計算書において売上原価がどのように計算されるのかを理解することが、業績を把握する上でも非常に重要となりますので、簡単な設例に基づいてご説明します。

　特に、売上原価の計算に着目してご確認ください。

【図表72　用途変更直前の損益計算書】

損益計算書

科　　　　　目	金	額
【純売上高】		
売　　上　　高	300,000	300,000
【売上原価】		
期　首　棚　卸　高	500,000	
当　期　仕　入　高	450,000	
合　　　計	（　950,000）	
期　末　棚　卸　高	750,000	200,000
売上総利益		（　100,000）

　この図表72は、用途変更処理を行う前の損益計算書で、この時点における商品としての在庫車両は、750,000であり、売上原価は200,000として計算されていることが確認できます。

　なお、この時点における在庫車両750,000の内訳は、図表73の在庫車

両棚卸表のとおりです。

【図表 73　用途変更直前の在庫車両棚卸表】

在庫車両棚卸表

No.	仕入日	車名	仕入価格					
			仕入金額	自動車税等	諸費用	R預託金	用途変更	合計
1	R2.1.31	車両A	270,620	0	18,700	10,680		300,000
2	R2.8.31	車両C	420,660	1,300	18,700	9,340		450,000
3								
合計			691,280	1,300	37,400	20,020		750,000

　ここから、車両A 300,000 を社用車に用途変更した場合の仕訳処理を追加してみましょう。

【図表 74　社用車への用途変更時の仕訳処理】

日付	借　方		貸　方		摘　要
9/15	車両運搬具	300,000	他勘定振替高	300,000	車両Aを社用車に用途変更

　計上する仕訳処理は、本当に、この1行だけです。

　ただし、仕訳処理を追加して、すべての処理が完了するわけではなく、用途変更に伴い、在庫車両棚卸表の内容も更新しなければなりません。

【図表 75　用途変更後の在庫車両棚卸表】

在庫車両棚卸表

No.	仕入日	車名	仕入価格					
			仕入金額	自動車税等	諸費用	R預託金	用途変更	合計
1	R2.1.31	車両A	270,620	0	18,700	10,680	▲ 300,000	0
2	R2.8.31	車両C	420,660	1,300	18,700	9,340		450,000
3								
合計			691,280	1,300	37,400	20,020	▲ 300,000	450,000

この図表 75 は、用途変更後の在庫車両棚卸表で、説明のために「用途変更」という項目を設けていますが、実際の処理は、お使いの車販ソフトまたは店舗様式に従って対応してください。

さて、ここまでできたところで、第 2 章の Q 23 でご紹介した方法に基づいて、月次棚卸の仕訳処理を追加し、その後の損益計算書を確認してみましょう。

【図表 76　用途変更後の在庫車両棚卸表に基づく月次棚卸の仕訳処理】

日付	借 方		貸 方		摘 要
9/30	期末棚卸高	750,000	商品	750,000	前月末在庫残高
	商品	450,000	期末棚卸高	450,000	9月末在庫残高

【図表 77　用途変更処理および月次棚卸処理後の損益計算書】

損益計算書

科　　　　　目	金	額
【純売上高】		
売　　上　　高	300,000	300,000
【売上原価】		
期　首　棚　卸　高	500,000	
当　期　仕　入　高	450,000	
合　　　計	（　950,000 ）	
他　勘　定　振　替　高	300,000	
期　末　棚　卸　高	450,000	200,000
売上総利益		（　100,000 ）

用途変更前の図表 72 と比較すると、期末棚卸高の金額が 300,000 減少した分だけ他勘定振替高が新たに 300,000 計上され、売上原価の金額は 200,000 から変更していないことがご確認いただけると思います。

「他勘定振替高」という売上原価の控除項目を使用して仕訳処理することにより、売上原価に影響を与えることなく、帳簿上も「商品（在庫車両）」から「車両運搬具（社用車）」に変更することができるのです。

Answer Point

♤販売用の在庫車両であっても登録があれば自動車税は課されます。

♤在庫車両の自動車税は保管費用と同様に扱います。

♤在庫車両の自動車税は「租税公課」として費用処理しましょう。

♠自動車税とは

　自動車税とは、地方税法の規定に基づき、道路運送車両法第4条の規定により登録された自動車に対し、その所有者が納めるべき税金です。

　つまり、登録がある自動車の場合には、たとえ中古車販売店が販売用の在庫車両として保有している場合であったとしても、自動車税を納める必要があるということです。

♠中古車販売店が自動車税を負担する場合（一時抹消と減免措置）

　登録がある自動車を在庫車両としてその年の4月1日現在で保有している場合には、自動車税が課されることとなりますので、通常は「一時抹消」をして課税されないようにしていると思います。

　しかし、車検が残っている車両などについては、一時抹消をせずに登録を維持して、中古車販売店が自動車税を負担するケースがあります。この場合の自動車税の取扱いと処理について解説していきます。

　なお、補足ですが、展示車であれば、中古商品車減免措置により、年税額の12分の3を限度として自動車税が減額される取扱いがあります。

　ここでは説明は割愛しますが、詳しくは各都道府県の自動車税取扱い事務所にお問い合わせください。

♠自動車税は棚卸資産の取得価額に加算すべきか

　中古車販売店が保有する在庫車両に課される自動車税の取扱いについて

は、販売店ごとに様々な処理をしていて、会計事務所の担当者からも明確な回答がなく困惑されているケースが多いようですので、具体的な根拠規定を確認しながら解説していきます。

まずは、図表78の規定をご覧ください。

【図表78 購入した棚卸資産の取得価額】

＜購入した棚卸資産の取得価額＞

　購入した棚卸資産の取得価額には、その購入の代価のほか、これを消費し又は販売の用に供するために直接要した全ての費用の額が含まれるのであるが、次に掲げる費用については、これらの費用の額の合計額が少額（当該棚卸資産の購入の代価のおおむね3％以内の金額）である場合には、その取得価額に算入しないことができるものとする。

(1) 買入事務、検収、整理、選別、手入れ等に要した費用の額

(2) 販売所等から販売所等へ移管するために要した運賃、荷造費等の費用の額

(3) 特別の時期に販売するなどのため、長期にわたって保管するために要した費用の額

（注）

1　省略

2　棚卸資産を保管するために要した費用（保険料を含む。）のうち(3)に掲げるもの以外のものの額は、その取得価額に算入しないことができる。

（法基通5-1-1より抜粋）

　この規定には、棚卸資産の取得価額に算入しなければならない費用であっても、少額である場合には費用処理してもよいということが記載されています。

　そして、その注意書きの2として、棚卸資産の保管費用も費用処理してよいということも書かれています。

　つまり、自動車税を「販売の用に供するために直接要した費用」と捉えた場合には、棚卸資産の取得価額に加算すべきであるが、「棚卸資産を保管するために要した費用」と捉えた場合には、費用処理をしてもよいということになります。

それをどう判断すべきかについては、次のように考えます。

(1) 直接要した費用か否かの判定

まず、自動車税という税金は、前述のとおり登録自動車を所有している事実に対して課される税金ですので、棚卸資産の取得価額に加算しなければならない「販売の用に供するために直接要した費用」には該当せず、「棚卸資産を保管するために要した費用」と同様の取扱いが適切だと考えられます。

(2) 特別の時期に販売するための長期保管費用か否かの判定

前述のとおり中古車販売店が保有する在庫車両に課される自動車税は、棚卸資産を保管するために要した費用と同じ扱いとなり、「租税公課」として費用処理することで問題がなさそうです。

しかし、先ほどの規定の注意書きの中で気になる記載が 1 箇所ありました。それは「(3) に掲げるもの以外のもの」という部分で、棚卸資産を保管するために要した費用であっても、(3) に掲げるものは少額でない限りは費用処理してはいけないと規定されているのです。

そこで、改めて (3) の記載内容を確認してみますと「特別の時期に販売するなどのため、長期にわたって保管するために要した費用の額」と書かれています。

一見、中古車販売業における在庫車両の保管費用を指していると思えますが、ここでいう「特別な時期」とは、お正月用品などの季節商品や、長期在庫調整品を示しており、「長期にわたって」の長期という期間についても明確な定めはありませんが、少なくとも半年以上は保管することを前提としています。

したがって、例えば「当店では、オープンカーは春先以外には販売しない」というようなこだわりのもと、半年以上もの間、倉庫に在庫車両を保管しているような例外ケースを除いては、中古車販売業における在庫車両の保管費用は、(3) の記載内容には該当しません。

(3) 結論

順を追って検証した結果、中古車販売店が保有する在庫車両に課される自動車税を含む在庫車両保管費用は、日々の費用として処理して差支えないということになります。

Q 44 在庫車両の期末評価方法の基本的な考え方は

Answer Point

♧棚卸資産の評価方法には原価法と低価法があります。

♤中古車販売業においては個別法が適用されます。

♧評価方法の選定には税務署への届出が必要です。

♠在庫車両の期末評価方法

　中古車販売業に限らず、期末に保有する棚卸資産（中古車販売店における在庫車両）の評価方法には、大きく分けて「原価法」と呼ばれる方法と、「低価法」と呼ばれる方法の2種類が存在します。

　ここでは、在庫車両の期末評価方法の基本的な考え方として、原価法と低価法それぞれの評価方法と、評価方法を選定する際に必要となる税務上の手続などについて解説したいと思います。

♠原価法

　原価法とは、その名のとおり、取得原価（取得価額）を基に棚卸資産を評価する方法で、その評価方法は次の6通りです。

1　個別法

　個別法とは、期末棚卸資産の全部について、個々の取得価額で評価する方法をいいます。

　通常、1つの取引で大量に取得され、かつ、規格に応じて価額が定められているものには個別法を選択することはできませんので、一般的には、不動産販売業者の土地や貴金属業者の宝石類などについて、この個別法を採用します。

2　先入先出法

　先入先出法とは、期末棚卸資産は期末に最も近い時点で取得した棚卸資産から順次なるものとみなして計算した取得価額で評価する方法をいいます。

3 総平均法

総平均法とは、期首に有していた棚卸資産の取得価額の総額と期中に取得した棚卸資産の取得価額の総額との合計額を、これらの棚卸資産の総数量で除して計算した価額を1単位当たりの取得価額とする方法をいいます。

4 移動平均法

移動平均法とは、受入れの都度計算する総平均法です。棚卸資産を取得する都度、その時点で有する棚卸資産と新たに取得した棚卸資産との数量および取得価額に基づいて平均単価を算出し、以後同様の方法で計算を行い、期末時点での平均単価を算定する方法をいいます。

5 最終仕入原価法

最終仕入原価法とは、期末に最も近い時点で取得したものの単価を1単位当たりの取得価額とする方法をいいます。

期末棚卸資産の一部だけが実際取得原価で評価され、他の部分は時価に近い価額で評価される可能性が高いため、理論上は妥当な評価方法とはいえませんが、実務的簡便性のゆえに、現実には中小企業などで幅広く採用されています。

6 売価還元法

売価還元法とは、種類等または差益率の同じ棚卸資産ごとに、期末における販売価額の総額に所定の計算方法で算出した原価率を乗じて計算した取得価額で評価する方法をいいます。

♠中古車販売業と原価法

中古車販売業における期末在庫車両については、実務においては個別の在庫管理が行われており、またそれが合理的であることから、個別法を採用することとなります。

なお、中古車販売店が在庫しているオイル・ケミカル類などには、個別法は採用されません。

♠低価法

低価法とは、原価法のうちのいずれか1つの方法で評価した価額と、期末

における時価のいずれか低い価額で棚卸資産を評価する方法です。

♠低価法と時価

低価法は、原価法で評価した価額と時価を比べて、いずれか低い価額で評価する評価方法です。

なお、この「時価」については、図表 79 のように規定されています。

【図表 79　時価】

> ＜時価＞
> 　棚卸資産について低価法を適用する場合における「当該事業年度終了の時における価額」は、当該事業年度終了の時においてその棚卸資産を売却するものとした場合に通常付される価額（以下「棚卸資産の期末時価」という）による。
> （注）　棚卸資産の期末時価の算定に当たっては、通常、商品として売却するものとした場合の売却可能価額から見積販売直接経費を控除した正味売却価額によることに留意する。
> （法基通 5 − 2 − 11 より 抜粋）

図表 79 に規定している「その棚卸資産を売却するものとした場合に通常付される価額」というのは、中古車販売業においては、「店頭販売価格」になります。

また、注意書きに書かれている「通常、商品として売却するものとした場合の売却可能価額から見積販売直接経費を控除した正味売却価額による」というのは、板金塗装などの加修を行う予定である場合には、これらを控除した後の金額であるということを意味しています。

♠低価法の適用と洗替え

低価法の適用により期末時価が原価を下回った場合には、時価と原価の差額分について商品の評価損を計上します。

そして、洗替え方式により、翌期首においてその低価法による評価損の計上を振り戻す処理を行います。これを「洗替え低価法」といい、平成 23 年度の税制改正以降は、この方法のみが認められています。

♦税務上の評価方法選定手続

棚卸資産の評価方法には６種類の「原価法」と「低価法」があることについて、ここまで説明してきましたが、実はこの棚卸資産の評価方法は、自ら選択して税務署に届け出る必要があります。

しかし、自ら評価方法を選択しなかった場合には、「最終仕入原価法による原価法」を選択したものとして扱われることになっており、中古車販売業において採用している「個別法による原価法」も広義では「最終仕入原価法による原価法」に含まれますので、選択をしていなくても特段問題ありません。

なお、棚卸資産の評価方法の選定は、事業の種類ごとに、かつ、棚卸資産の種類ごとに選択します。

♠税務上の評価方法変更手続

棚卸資産につき選択した評価方法を変更するときは、その変更の承認を税務署に申請する必要があります。

なお、評価方法を選択していない場合には、先に述べたように「最終仕入原価法による原価法」を選択したことになっていますので、こちらの変更承認申請手続を行うことになります。

♠変更承認申請と自動承認

棚卸資産の評価方法につき、変更承認申請を行った場合においても、変更することに合理的な理由がない場合や、現在採用している評価方法を選定してから相当期間（おおむね３年）を経過していないときは、合併など特別な理由がある場合を除いて、申請は却下されます。

また、変更の手続は、届出ではなく承認申請となりますので、この申請に対して、承認または却下の通知がなされるわけですが、「その新たな方法を採用する事業年度終了の日までに承認または却下の処分がなければ、その日に承認があったものとみなす」と規定されています。

したがって、「便りがないのはよい便り」ということで、何の連絡もなければ承認されたことになります。

Q45 雹害などで被害を受けた在庫車両の評価は

Answer Point

♤税務上は資産評価損の計上を原則として認めていません。

♤災害による著しい損傷の場合は評価減が認められます。

♤損害保険金の取扱いにも注意しましょう。

♠ 雹害と評価損

　あまり考えたくはないことですが、中古車販売店として展示場を有し、在庫車両を展示している以上は、常に様々なリスクと隣り合わせであり、盗難や天災などの被害を受けるケースがあります。

　ここでは、雹害などによって在庫車両が被害を受けた場合を例にして、在庫車両の評価損についての税務上の取扱いをご紹介します。

♠ 税務上における評価損の考え方

　販売店の任意による評価損の計上を認めることは、利益調整による粉飾決算や租税回避（いわゆる脱税）に繋がる恐れがありますので、税務においては、資産の評価損の計上を原則として認めておらず、「評価損として計上できるのはどんな場合か」について厳しく規定しています。

　まずは、図表80の規定をご覧ください。

【図表80　資産の評価損の損金不算入等】

＜資産の評価損の損金不算入等　1＞

　内国法人がその有する資産の評価換えをしてその帳簿価額を減額した場合には、その減額した部分の金額は、その内国法人の各事業年度の所得の金額の計算上、損金の額に算入しない。

（法人税法第33条第1項）

＜資産の評価損の損金不算入等　2＞

　内国法人の有する資産につき、災害による著しい損傷により当該資産の価額がそ

の帳簿価額を下回ることとなったことその他の政令で定める事実が生じた場合において、その内国法人が当該資産の評価換えをして損金経理によりその帳簿価額を減額したときは、その減額した部分の金額のうち、その評価換えの直前の当該資産の帳簿価額とその評価換えをした日の属する事業年度終了の時における当該資産の価額との差額に達するまでの金額は、前項の規定にかかわらず、その評価換えをした日の属する事業年度の所得の金額の計算上、損金の額に算入する。

（法人税法第33条第2項）

　つまり、基本的には評価損の計上は認めていないものの、「災害による著しい損傷」など様々な事情によって資産の価値が帳簿価額より低くなった場合については、その低くなった分は評価損を計上してよいと規定されているのです。

♠雹害による評価損計上の可否

　これまでご紹介してきたとおり、税務においては、原則として評価損の計上を認めていないながら、「災害による著しい損傷」については、評価損の計上を認めており、雹害もこれに該当するものと考えられます。

　したがって、期末時点で不幸にも雹害に遭った在庫車両を有している場合には、評価損の計上を検討してみてください。

♠修理費用の取扱い

　雹害などにより在庫車両が損傷した場合、商品として廃棄（廃車）にする場合を除いて、デントリペアや板金塗装などの加修を加えることになりますが、この際に支出する費用の取扱いについて考えてみます。

　Q40の中では、在庫車両を仕入れてから販売するために支払った修理代金や板金塗装代金は、棚卸資産の取得価額として扱う必要があるとご説明しました。

　しかし、損傷した在庫車両を加修するために支出する費用については、棚卸資産の取得価額ではなく、支出時の費用として処理することが妥当であると考えます。

♠損害保険金と税金との関係

中古車販売店は、損害保険の代理店を併設しているケースが多いですが、自店も様々な損害保険に加入しています。

ここでは、ご紹介している雹害を含め自店が被害に遇った際に受け取る損害保険金の税務上の取扱いについて整理しておきます。

(1) 法人である販売店が受け取る損害保険金

法人経営者が受け取る損害保険金は、受け取った保険金のすべてが税金の対象となりますので、全額を「雑収入（営業外収益）」に計上します。

通常、保険金収入と保険事故による損失の額が相殺されますので、税金が課されることはありません。

しかし、古い設備が壊れたことなどの理由で損失の額以上に保険金を受け取った場合には、その差額に対して税金が課されることになります。

(2) 個人事業主である販売店が受け取る損害保険金

個人事業主が事業に関連して受け取る損害保険金は、2つのケースがあり、それぞれ取扱いが異なります。

1つ目のケースは、事業の対象となる商品の補償や休業補償として損害保険金を受け取った場合です。この場合の保険金は、事業収入の代わりとして受け取るものなので、受け取った保険金のすべてを事業の収入として計上する必要があります。

中古車販売店においては、損害を受けた在庫車両への補償や、その損害により休業を余儀なくされた場合の休業補償金がこれに該当します。

2つ目のケースは、事業で使用している店舗や設備そのものの損害に対する補償として損害保険金を受け取った場合です。

この場合において、保険事故による損失の額が保険金収入を上回ったときは、その上回った部分の金額を必要経費として計上します。

これに対し、保険金収入が保険事故による損失の額を上回ったときには、この上回る部分の金額は税金の対象になりません。

同じ損害保険金収入であっても対象や金額によって取扱いが異なりますので、保険金を受け取った際には、その内容を正確に確認しておく必要があります。

Q 46 長期在庫で当初より価値の下がった在庫車両の評価は

Answer Point

♧長期在庫を理由とする評価損の計上は認められません。

♧「著しく陳腐化」の意味を正しく理解しましょう。

♧在庫車両が物理的に劣化した場合には、評価損の計上を検討
しましょう。

♠長期在庫車両と評価損

　販売店としては望ましい状況ではありませんが、長期在庫により価値が下がってしまった在庫車両を保有している場合、税金対策などとの兼合いから、当該車両を下がってしまった後の価値で評価して、その評価損を費用として計上したいというケースがあります。

　税務上は、「評価損として計上できるのはどんな場合か」について厳しく規定しているということは、Q 45 でご説明したとおりですが、長期在庫を理由とした在庫車両の評価損の計上は認められるのか否か、ここではもう少し深く税務規定を読み解いていきます。

⑴　評価損の計上が認められるもう1つの事由

　長期在庫を理由とした在庫車両の評価減について検討する上では、図表81 の規定を改めて確認する必要があります。

【図表81　資産の評価損の損金不算入等　2】

> ＜資産の評価損の損金不算入等　2＞
> 　内国法人の有する資産につき、災害による著しい損傷により当該資産の価額がその帳簿価額を下回ることとなったことその他の政令で定める事実が生じた場合において、その内国法人が当該資産の評価換えをして損金経理によりその帳簿価額を減額したときは、その減額した部分の金額のうち、その評価換えの直前の当該資産の帳簿価額とその評価換えをした日の属する事業年度終了の時における当該資産の価額との差額に達するまでの金額は、前項の規定にかかわらず、その評価換えをした

日の属する事業年度の所得の金額の計算上、損金の額に算入する。

（法人税法第 33 条第 2 項）

　これは、Q 45 の中でご紹介したものと全く同じ内容ですが、その際には、1 行目の「災害による著しい損傷」という部分のみを参照しました。

　しかし、今回は 2 行目の「その他の政令で定める事実」という部分に着目してみてください。

　つまり、評価損を計上してもよい事由として、「災害による著しい損傷」以外にも政令で定めている内容があるということです。

⑵　著しい陳腐化と回復の見込みがない時価

　それでは、早速「その他の政令で定める事実」の内容を確認するために、図表 82 の政令（法人税法施行令）の規定を見てみましょう。

【図表 82　資産の評価損の計上ができる事実】

＜資産の評価損の計上ができる事実＞

　法第 33 条第 2 項に規定する政令で定める事実は、次に掲げる事実であって、当該事実が生じたことにより当該資産の価額がその帳簿価額を下回ることとなったものをいう。

⑴　当該資産が災害により著しく損傷したこと。

⑵　当該資産が著しく陳腐化したこと。

⑶　⑴ 又は ⑵ に準ずる特別の事実

（法人税法施行令第 68 条より抜粋）

　この規定の ⑵ には、「当該資産が著しく陳腐化したこと」と記載されています。

　では、この「著しく陳腐化」とは、いったいどういった資産の状態を指す言葉なのかを確認する必要があります。

　なお、このような判断に迷う取扱いについては、結論だけお伝えするよりも、順に税務規定を読み解いて理解しながら結論に達したほうが記憶に残りますので、以下、順を追ってご説明していきます。

【図表83　棚卸資産の著しい陳腐化の例示】

<棚卸資産の著しい陳腐化の例示>
　「当該資産が著しく陳腐化したこと」とは、棚卸資産そのものには物質的な欠陥がな
いにもかかわらず経済的な環境の変化に伴ってその価値が著しく減少し、その価額が
今後回復しないと認められる状態にあることをいうのであるから、例えば商品につい
て次のような事実が生じた場合がこれに該当する。
⑴　いわゆる季節商品で売れ残ったものについて、今後通常の価額では販売すること
　　ができないことが既往の実績その他の事情に照らして明らかであること。
⑵　当該商品と用途の面ではおおむね同様のものであるが、型式、性能、品質等が著
　　しく異なる新製品が発売されたことにより、当該商品につき今後通常の方法により
　　販売することができないようになったこと。
（法基通9-1-4）

　図表83の規定は、読み違えて処理を誤ってしまうケースが多い論点で、
ポイントは3行目に書かれている「その価額が今後回復しないと認められる
状態にある」という部分です。
　例えば、例示の⑴に記載がある「季節商品の売れ残り」という部分だけ
を見ると「冬期シーズンにおけるオープンカー」などは相場が落ちますので、
一見すると該当しそうです。
　しかし、春先になればまた相場が戻りますので、同例示内に書かれている
「今後通常の価額では販売することができないこと」には該当しません。
　また、例示の⑵に記載がある「新製品が発売されたこと」という部分だ
けを見ると、新型モデル車両の発売が該当しそうですが、中古車市場では新
型モデル車両の発売が旧型モデルの販売方法に大幅な影響を与えるというこ
とはほとんどありません。
　したがって、同例示内に書かれている「今後通常の方法により販売するこ
とができないようになったこと」には該当しません。
　つまり、中古車販売業においては、その商品と市場の特性を考慮すると、「棚
卸資産の著しい陳腐化」に該当するケースはほとんどないということになり
ます。

(3) 準ずる特別の事実

　前述の「資産の評価損の計上ができる事実」の規定の中で、(3) として「(1) 又は (2) に準ずる特別の事実」との記載があることに気づいた方も多いと思いますが、税務規定においては、限定列挙である場合を除いては、様々な可能性を想定して必ずこのような記載がされています（図表 84）。

　この「準ずる特別の事実」についても、例示規定がありますので、念のため確認しておきましょう。

【図表 84　棚卸資産について評価損の計上ができる「準ずる特別の事実」の例示】

> ＜棚卸資産について評価損の計上ができる「準ずる特別の事実」の例示＞
> 　「(1) 又は (2) に準ずる特別の事実」には、例えば、破損、型崩れ、たなざらし、品質変化等により通常の方法によって販売することができないようになったことが含まれる。
> （法基通 9-1-5)

　この規定は、商品そのものに何らかの不具合が生じたことを想定しています。

　中古車販売業においては、例えば、ボディ色がイエローのスポーツカーが長期に屋外展示していたことにより、酷く褪色した場合などが該当しそうです。

(4) 結論（長期在庫車両と物価変動等）

　ここまで、長期在庫車両と物価変動等による評価損の計上について検討してきましたが、結論として中古車販売業においては、長期在庫を理由とする評価損の計上は原則として認められず、その品質が物理的に劣化した場合のみ認められることになります。

　また、棚卸資産の評価損に関する以下の規定からも、単なる物価変動による時価低下だけでは、評価損の計上ができないということが確認できます。

【図表 85　棚卸資産について評価損の計上ができない場合】

> ＜棚卸資産について評価損の計上ができない場合＞
> 　棚卸資産の時価が単に物価変動、過剰生産、建値の変更等の事情によって低下しただけでは、棚卸資産の評価損の計上ができる事実に該当しないことに留意する。
> （法基通 9-1-6)

Q47 在庫車両にかかる税務調査のポイントとその対応策は

Answer Point

♤日頃の管理や記録が最も重要です。

♤原始記録はしっかり保存し実地棚卸を定期的に行いましょう。

♤部品やケミカル等の棚卸計上も忘れずに行いましょう。

♠中古車販売業と税務調査

　中古車販売店に税務調査が入った際に指摘を受けることが最も多い項目は、在庫車両（棚卸資産）の管理状況です。

　その理由としては、在庫車両の金額が、取引先との関係を考慮せずに自店内部の処理だけで調整できてしまうことなどから、一時的な利益操作の手段として容易に利用が可能であることが挙げられます。

　悪意がなかったとしても、在庫車両の管理がずさんであれば、意図的な利益調整とみなされてしまう可能性もありますので、きちんと在庫管理を行い、正しい売上原価を計算するように努めることが、最大の税務調査対策といえます。

♠税務調査でチェックされるポイント

　中古車販売店における税務調査で必ずチェックされる在庫車両管理状況ですが、具体的に調査職員はどのような項目をチェックしているのか、特に重要となる3つのポイントについてご紹介します。

(1)　棚卸資産への計上漏れがないか

　期末在庫車両が網羅的に計上されているか否かは、必ず確認します。特に第3章のQ24の中でご紹介した売上計上基準と在庫車両との整合性は、中古車販売業における在庫管理の中で最も誤りが多い内容となりますので、重点的にチェックします。

(2)　棚卸資産の取得価額は妥当か

棚卸資産を計上する際に、車両代金だけでなくオークション落札料や陸送費、そして板金塗装代などの商品化費用も含めて棚卸資産の取得価額として計上しているか否かをチェックします。

(3)　棚卸資産の評価損の計上は妥当か

　評価損は内部的に計上ができるため、その妥当性について検討を行います。Q 45・Q 46 の中で詳しくご説明したとおり、中古車販売業において棚卸資産の評価損を計上することができる事由はとても少なく、損益計算書上に評価損の項目がある場合には、確実にチェックします。

♠税務調査の進め方

　中古車販売店における税務調査において、棚卸資産の項目について、調査職員が調査を行う際に、具体的にどのような手順で行われるのか、その流れを簡単にご紹介します。

(1)　ヒアリング

　まず、始めに、棚卸資産の管理体制について、経営者または担当者に聞き取り調査を行います。

　ここで、どのような項目を棚卸資産に計上しているか、どのような資料で棚卸資産を管理しているかなど、その販売店の管理体制を概ね把握しますので、この段階で調査の8割は完了したといえます。

　もちろん、販売店の回答に不審点があった場合は、その後の調査過程の中で、その部分を重点的に調査します。

(2)　管理表と原始記録の確認

　次に、実際の管理表と原始記録を調査します。具体的には、在庫車両棚卸表とオークション精算書や買取りまたは下取時の車両売買契約書などを確認し、その整合性などを調査します。

(3)　期末日前後の売上車両・仕入車両の確認

　期末日前後における売上車両の内訳を確認し、売上計上時期と期末日在庫の整合性を調査します。

　また、期末日前後における仕入車両の内訳を確認し、仕入時期と期末日在庫の整合性を調査します。

⑷　期末日前後の整備記録の確認

　期末日前後における在庫車両・販売車両の整備記録を確認し、期末日時点で整備工場などへ入庫していた車両について棚卸資産への計上漏れがないかを調査します。

⑸　調査日現在の棚卸状況の確認

　税務調査は、対象となる調査期間（通常は直近3年間）について行われるべきものですが、調査日現在の棚卸状況を確認することにより、日頃の棚卸資産の管理体制を調査することがあります。

⑹　棚卸資産の保管現場の確認

　展示場の他に、いわゆる「置き場」を有している場合などには、この置き場の現地確認を行い、在庫車両棚卸表に記載がない未整備車両やレストア中の車両の有無などについて調査します。

⑺　評価損計上に関する関連資料の確認

　在庫車両にかかる評価損の計上がある場合には、その計上事由に関する資料を基に評価損の計上妥当性を調査します。

♠税務調査の対応策

　税務調査でのチェックポイントと税務調査の進め方がわかったところで、税務調査をスムーズに乗り切るための対応策をご紹介します。

　なお、これは、税務調査が実施されるとわかってから慌てて対応するものではありません。日々の業務において、いつ税務調査が実施されてもよいように、自社管理に努めるべき内容となりますのでご留意ください。

⑴　原始記録の保存

　中古車販売業における棚卸資産の原始記録は、オークション精算書や買取りまたは下取時の車両売買契約書が基本となります。

　さらに、棚卸資産の取得価額に加算した板金塗装代などの外注費の請求書も棚卸資産の原始記録となりますので、これらを車両ごと、かつ月別にまとめて、保存しておきましょう。

⑵　実地棚卸の実施

　日頃の管理は、車販ソフトなどを活用して作成した在庫車両棚卸表の作成

だけで十分ですが、年に数回（少なくとも決算時）は、実際に展示上に展示している車両や置き場に保管している車両の実地棚卸を実施し、在庫車両棚卸表との突合を行いましょう。

⑶ 棚卸資産の取得価額の確認

棚卸資産の取得価額に計上すべき項目については、定期的に見直しを行い、その妥当性を検証しましょう。特に、経理担当者が変更になった場合には、注意が必要です。

⑷ 評価損の計上根拠の整備

品質低下などの理由で棚卸資産の評価減を行った場合には、その原因および計上額の算定根拠を確認するとともに、その車両の状況写真などを保存するようにしましょう。

⑸ 決算日における売上車両・仕入車両との整合性の確認

決算日前後の売上車両・仕入車両と決算日時点における在庫車両棚卸表の整合性は必ず確認するようにしましょう。

⑹ 貯蔵品の棚卸計上も忘れない

中古車販売店の棚卸資産は在庫車両だけではありません。部品類やオイル・ケミカル類などの棚卸計上も忘れないようにしましょう。

♠調査日程と調査対応

中規模または小規模な中古車販売店の税務調査は、2日間の日程で行われることがほとんどです。

しかし、この2日間が終われば税務調査がすべて終了するというわけではありません。

調査職員が、販売店を訪問して行われる調査は、「現地調査」と呼ばれるもので、税務調査は、この現地調査が実施された後においても、税務署内で継続して行われています。

なお、その期間は、調査指摘事項の有無などによりますが、通常は、1週間から1か月程度です。

この期間中は、追加で書類や資料の提出を求められる場合もありますので、速やかな対応を心掛けてください。

Q 48　消費税が課税される仕組みは

Answer Point

♤消費税は「消費」という取引に課される税金です。

♤消費税は担税者と納税者が別の「間接税」です。

♤事業者は預かった消費税と支払った消費税の差額を納付します。

♠消費税と地方消費税（消費税率 10 パーセントの内訳）

　令和元年(2019年)10月1日より消費税率が10%に引上げられましたが、正しくは消費税率が10%なのではなく7.8%と2.2%の2種類の消費税を合計した税率が10%ということになります。

　実は、消費税には、「消費税（国税）7.8％」と「地方消費税（地方税）2.2％」の2つの種類があり、私たちは知らないうちに、消費税として支払った10%分の税金を国と地方公共団体に分けて納めているのです。

　したがって、一般的な実務書においては、10%の消費税のことを、地方消費税も含まれているという意味から「消費税等」として表現されています。

　しかし、中古車販売業における消費税実務を行う上では、このような消費税の内訳のことは特に意識する必要はありませんので、本書では、「消費税等」という表現は用いず、すべて「消費税」という表現のみを使用します。

♠消費税の課税対象

　消費税とは、その名のとおり、日本国内における物品の販売やサービスの提供といった「消費」という取引に対して課される税金です。

　なお、ここでいう「消費」には、物品の販売や飲食の提供だけに限らず、車検代行や損害保険の代理などのサービスの享受も含まれますので、その範囲は非常に広く、中古車販売業における売上高や受取手数料のほぼすべてが消費税の課税対象であるといえます。

♦ 間接税と直接税

　税金の数ある分類方法の中に、税金を負担する人（担税者）と税金を納める人（納税者）が同じであるか否かによって「直接税」と「間接税」に分類する方法があります。

　直接税とは、担税者と納税者が同じである税金のことをいい、法人税、所得税そして相続税といった身近な税金のほとんどがこれに該当します。

　これに対し間接税とは、担税者と納税者が異なる税金のことをいいます。なお、消費税は、この間接税に該当し、その他にガソリン税やタバコ税、酒税などがこれに該当します。

　そして、消費税の仕組みを正しく理解するためには、この間接税の仕組みを知ることが最も重要となります。

♦ 間接税の仕組み

　例えば、お客様（消費者）が販売店（事業者）で中古車を購入した場合、お客様は車両代金に消費税分を上乗せして支払いますので、消費税を負担する人（担税者）はお客様ということになります。一方、販売店がお客様から受け取った消費税分というのは、お客様から預かっているに過ぎず、後日税務署に納付する必要がありますので、この販売店が消費税を納める人（納税者）となります。

　このようなお客様が納めるべき消費税を販売店がお客様から預かった上で、お客様に代わって「間接的に」納付するという流れが、間接税の仕組みなのです。

♦ 消費税の計算方法（預かった消費税と支払った消費税）

　事業者が消費者から預かった消費税を間接的に納付するという間接税の仕組みについては前述のとおりですが、納税者となる事業者も、消費者から消費税を預かるだけでなく、仕入代金や外注費などを支払う際に消費税を上乗せして支払っています。

　そこで、納税者である事業者が納めるべき消費税の額を計算する際には、お客様などから預かった「売上等に係る消費税」から、仕入先や外注業者に

支払った「仕入等に係る消費税」を控除して、その差額分を税務署に納める
ことになっています。

【図表86　事業者が納付すべき消費税の計算方法】

事業者が納付 すべき消費税	=	預かった消費税 <売上等に係る消費税>	−	支払った消費税 <仕入等に係る消費税>

♠消費税の負担と納付の流れ

　間接税の仕組みと消費税の計算方法について解説したところで、ある商品が
製造業者から卸・小売を経て，消費者の手に渡るまでの流通経路における消費
税の納付額とその負担額について、図表87を使って整理してみましょう。

【図表87　消費税の負担と納付の流れ】

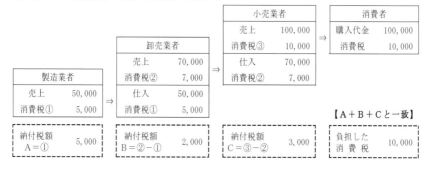

　まず始めに、製造業者が 50,000 で商品を卸売業者に販売し、5,000 を納
付します。次に、卸売業者が小売業者に 50,000 で仕入れた商品を 70,000
で販売し、売上に係る消費税 7,000 と仕入に係る消費税 5,000 の差額 2,000
を納付します。続いて、小売業者が消費者に 70,000 で仕入れた商品を
100,000 で販売し、売上に係る消費税 10,000 と仕入に係る消費税 7,000
の差額 3,000 を納付します。消費者としては、10,000 の消費税を負担した
ことになります。

　ここで改めて図表87の下側をご覧ください。担税者である消費者が負担
した 10,000 という消費税が、納税者である事業者が納付した消費税の合計
額（製造業者 5,000、卸売業者 2,000、小売業者 3,000）と一致している
とが確認できます。

Q 49　消費税の課税と非課税ってどういうこと

Answer Point

♤課税対象となる4要件を正しく理解しましょう。

♤4要件はすべてを満たす必要があります。

♤非課税取引は限定列挙です。

♠消費税の課税取引と消費税の4要件

　消費税は「消費」という取引に対して課される税金ですが、その課税対象となるには、これからご紹介する4つの要件を満たす必要があります。

　なお、4つの要件のうちいずれかではなく、4つすべて満たした取引だけが、消費税の課税対象となります。

　まずは、図表88・図表89の2つの規定をご覧ください。

【図表88　課税の対象】

<課税の対象>
　国内において事業者が行った資産の譲渡等には、この法律により、消費税を課する。
（消費税法第4条より抜粋）

【図表89　定義：資産の譲渡等】

<定義：資産の譲渡等>
　資産の譲渡等とは、事業として対価を得て行われる資産の譲渡及び貸付け並びに役務の提供をいう。
（消費税法第2条8項より抜粋）

　実は、消費税の課税取引となるために必要な4つの要件、通称「消費税の4要件」は、この2つの規定の中にすべて含まれています。

　そして、この消費税の4要件こそが、消費税を理解する上で最も重要な核

となる部分であり、消費税の考え方のほぼすべてが詰まった部分となりますので、1つずつ順にご紹介していきます。

(1) 「国内において」＝国内で行われる取引であること

　消費税は、日本での消費について課税する制度ですので、海外での取引は日本の消費税の対象とはなりません。

(2) 「事業者が」「事業として」＝事業者が事業として行う取引であること

　消費税は、個人事業主、法人経営者を問わず、商売（事業）として行った取引に対して課税する制度です。

　したがって、例えば、友人から洋服を売ってもらった場合などは、消費税の対象とはなりません。

(3) 「対価を得て行われる」＝対価性がある取引であること

　消費税は、対価性（反対給付・見返り）のある取引だけを対象としています。

　したがって、贈与や寄付といった無償の取引は、消費税の対象とはなりません。

(4) 「資産の譲渡及び貸付並びに役務の提供」＝資産の譲渡、資産の貸付、役務の提供であること

　消費というと、物を消費（購入）することをイメージしてしまいますが、資産の譲渡、資産の貸付、役務の提供の3つが消費税の課税対象となる取引です。資産の貸付や役務の提供（サービス）なども消費税の課税の対象取引に含まれることに注意が必要です。

　繰り返しとなりますが、これら消費税の4要件をすべて満たした取引が消費税の課税対象となります。

　言い換えれば、1つでも要件を満たさなかった場合には、消費税の課税取引とはなりません。

♠消費税の非課税取引

　消費税法には、消費税の4要件をすべて満たし、本来であれば消費税の課税の対象となる取引であっても、「消費に負担を求める税としての性格から課税の対象としてなじまないもの」や「社会政策的配慮から、課税しないもの」が定められており、これを非課税取引といいます。

♠ 非課税取引と限定列挙

消費税法における非課税取引は、いわゆる限定列挙となっており、その主なものを下記にご紹介します。

中古車販売業において重要となる項目については、別途ピックアップして本章で解説しています。

したがって、ここでご紹介している非課税取引例は覚える必要はなく、「この取引のときには消費税を払ってないな」「この取引のときに消費税を課税するのは酷だな」といった具合に納得しながら目を通していただければ十分です。

● 主な非課税取引例

- ・土地の譲渡及び貸付け
- ・有価証券等の譲渡
- ・支払手段の譲渡
- ・預貯金の利子及び保険料を対価とする役務の提供等
- ・日本郵便株式会社などが行う郵便切手類の譲渡
- ・印紙の売渡し場所における印紙の譲渡
- ・地方公共団体などが行う証紙の譲渡
- ・商品券、プリペイドカードなどの物品切手等の譲渡
- ・国等が行う一定の事務に係る役務の提供
- ・外国為替業務に係る役務の提供
- ・社会保険医療の給付等
- ・介護保険サービスの提供
- ・社会福祉事業等によるサービスの提供
- ・医師、助産師などによる助産に関するサービスの提供
- ・火葬料や埋葬料を対価とする役務の提供
- ・一定の身体障害者用物品の譲渡や貸付け
- ・学校教育
- ・教科用図書の譲渡
- ・住宅の貸付け

Q 50　消費税の課税事業者と免税事業者ってどういうこと

Answer Point

♤消費税の納税義務がない事業者を「免税事業者」といいます。

♤納税義務の判定方法をマスターしましょう。

♤資本金が 1,000 万円未満の法人は設立後 2 年間は免税事業者
　となります。

♠消費税と免税事業者

　消費税の納税義務がある事業者のことを「課税事業者」といいますが、消
費税には事業者免税点制度が設けられています。

　この事業者免税点制度は、中小事業者の納税事務負担などに配慮して、そ
の課税期間の基準期間における課税売上高が 1,000 万円以下の事業者につ
いては、納税義務を免除するというものです。そして、この納税義務が免除
される事業者のことを「免税事業者」といいます。

♠課税売上高とは

　納税義務が免除されるか否かの判定をする際の「基準期間における課税売
上高」の「課税売上高」とは、Q 49 でご説明した消費税の課税取引となる
売上高のことをいい、輸出などの取引を含めて、返品、値引きなどの金額を
差し引いた額となります。

　なお、基準期間における課税売上高は、原則として消費税を含まない金額
（税抜金額）を指しますが、基準期間において免税事業者であった場合には、
その基準期間中の課税売上高には、消費税が含まれていませんから、基準期
間における課税売上高を計算するときには税抜処理の計算は行いません。

♠基準期間とは

　納税義務が免除されるか否かを判定する際の「基準期間における課税売上

高」の「基準期間」とは、法人の場合は、原則として前々事業年度のことをいい、個人事業主の場合は、原則として前々年のことをいいます。

【図表 90　基準期間の課税売上高による判定】

(1)　3月決算法人の場合

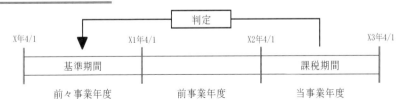

(2)　個人事業主の場合

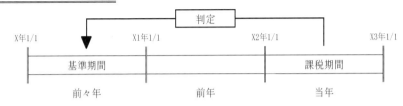

◆基準期間が1年でない法人の場合

　法人の場合の基準期間は、原則として前々事業年度であるということは前述のとおりです。

　しかし、前々事業年度が設立事業年度である場合や、事業年度変更を行っている場合などには、基準期間である前々事業年度が1年でないケースがあります。

　このような場合には、1年でない基準期間の課税売上高を1年相当に換算した金額により判定する必要があります。

　具体的には、基準期間中の課税売上高を、基準期間に含まれる事業年度の月数で除した額に12を乗じて計算した金額により判定します。

　例えば、図表91のように基準期間が9か月の法人で、その基準期間中の課税売上高が990万円であった場合には、990万円を9か月で除した額に12を乗じて計算した1,320万円という金額が1,000万円以下か否かによって納税義務の有無の判定を行います。

【図表 91　基準期間が 1 年でない法人の場合の判定】

基準期間が 9 か月の場合

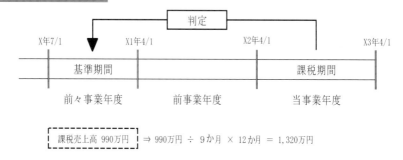

　　課税売上高 990万円　⇒　990万円 ÷ 9か月 × 12か月 ＝ 1,320万円

♠特定期間による判定

　その課税期間の基準期間における課税売上高が 1,000 万円以下であって
も、特定期間における課税売上高（課税売上高に代えて、給与等支払額の合
計額による判定も可）が 1,000 万円を超えた場合には、その課税期間から
課税事業者となります。

　なお、特定期間とは、法人の場合、原則としてその事業年度の前事業年度
開始の日以後 6 か月の期間をいい、個人事業者の場合は、その年の前年の 1
月 1 日から 6 月 30 日までの期間をいいます。

【図表 92　特定期間の課税売上高による判定】

(1) 3 月決算法人の場合

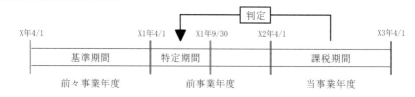

(2) 個人事業主の場合

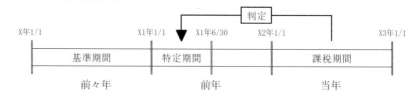

♠基準期間がない法人の納税義務の特例

新たに設立された法人については、設立1期目と設立2期目の基準期間がありませんので、原則として納税義務が免除されます。

ただし、その事業年度の開始の日における資本金の額または出資の金額が、1,000万円以上である場合には、納税義務は免除されません。

なお、設立3期目以後の課税期間における納税義務の有無の判定については、原則どおり、基準期間における課税売上高で行うこととなります。

【図表93　基準期間がない法人の判定】

(1) 設立1期目の場合

(2) 設立2期目の場合

♠特定新規設立法人にかかる事業者免税点制度の不適用制度

その事業年度の基準期間がない法人で、その事業年度開始の日における資本金の額または出資の金額が1,000万円未満の法人のうち、次の①、②のいずれにも該当するものについては、納税義務は免除されません。

①　他の者により株式等の50%超を直接または間接に保有される場合など一定の場合に該当すること。

②　上記①の他の者及び当該他の者と一定の特殊な関係にある法人のうちいずれかの者の当該新規設立法人の当該事業年度の基準期間に相当する期間における課税売上高が5億円を超えていること。

♠高額特定資産を取得した場合の納税義務の免除等の特例

　事業者が、納税義務の免除およびＱ 52 でご紹介する簡易課税制度の適用を受けない課税期間中に「高額特定資産（注 1）」の仕入等を行った場合には、当該高額特定資産の仕入等の日の属する課税期間の翌課税期間から当該高額特定資産の仕入等の日の属する課税期間の初日以後 3 年を経過する日の属する課税期間までは、納税義務の免除および簡易課税制度による申告をすることができません。

　また、「自己建設高額特定資産（注 2）」については、当該自己建設高額特定資産の建設等に要した仕入等の支払対価の額（納税義務の免除および簡易課税制度の適用を受けない課税期間に行った原材料費および経費に係るものに限り、消費税に相当する額を除きます）の累計額が 1,000 万円以上となった日の属する課税期間の翌課税期間から当該建設等が完了した日の属する課税期間の初日以後 3 年を経過する日の属する課税期間までは、納税義務の免除および簡易課税制度による申告をすることができません。

（注 1）「高額特定資産」とは、一の取引の単位につき、課税仕入に係る
　　　　支払対価の額（税抜）が 1,000 万円以上の棚卸資産または調整対象
　　　　固定資産をいいます。

（注 2）「自己建設高額特定資産」とは、他の者との契約に基づき、または
　　　　その事業者の棚卸資産もしくは調整対象固定資産として、自ら建設等
　　　　をした高額特定資産をいいます。

♠相続があった場合と法人成りの場合の基準期間の課税売上高

　相続によって相続人が被相続人の事業を承継した場合、相続があった年は、前々年の被相続人の課税売上高が 1,000 万円を超えているか否かで、その翌年および翌々年は、被相続人のその基準期間の課税売上高と相続人のその基準期間の課税売上高の合計額が 1,000 万円を超えているか否かで、消費税の納税義務を判定します。

　しかし、個人事業者がいわゆる「法人成り」により新規に法人を設立した場合には、個人当時の課税売上高はその法人の基準期間の課税売上高に含まれません。

Q 51　消費税の納付税額の具体的な計算方法は

Answer Point

♤消費税の納付税額は 7.8％と 2.2％を別々に計算します。

♤課税売上割合の計算方法を理解しましょう。

♤仕入控除税額の計算方法を理解しましょう。

♠納付税額の計算と消費税率

　Q 48 の中でご説明したとおり、10％の消費税には「7.8％の消費税（国税）」と「2.2％の地方消費税（地方税）」が含まれています。したがって、消費税の納付税額の計算においてもこれらを分けて計算し、合算して納付することになります。

　計算手順としては、7.8％分の消費税（国税）を計算した後に、その消費税（国税）に 78 分の 22 を乗じることにより 2.2％分の地方消費税（地方税）を計算し、これらを合計する方法で 10％分の消費税を算出します。

♠消費税の納付税額の計算方法

　消費税の納付税額の原則的な計算方法は、次のとおりです。

⑴　消費税（国税）

　消費税の納付税額は、課税期間中の課税売上高（税抜金額）に 7.8％を乗じた額から、課税仕入高（税込金額）に 110 分の 7.8 を乗じた額を差し引いて計算します。

⑵　地方消費税（地方税）

　地方消費税の納付税額は、上記⑴で計算した消費税額に 78 分の 22 を乗じて計算します。

⑶　消費税の納付税額

　消費税の納付税額は、上記⑴の消費税と⑵の地方消費税それぞれの納付税額の合計額となります。

【図表94　消費税（国税）と地方税消費税（地方税）の計算方法】

消費税（国税） の納付税額	＝	課税売上に係る消費税額 ＜課税売上高×7.8%＞	－	課税仕入れ等に係る消費税額 ＜課税仕入高×7.8／110＞

地方消費税（地方税） の納付税額	＝	消費税（国税）の納付税額	×	２２／７８

♠仕入控除税額と課税売上割合

　事業者が納付する消費税は、預かった消費税（課税売上に係る消費税）から支払った消費税（課税仕入れ等に係る消費税）を控除して計算しますが、この支払った消費税のすべてを控除するのではなく、そのうち「課税売上に対応する部分」だけを控除する仕組みになっています。

　この控除する部分の仕入れ等に係る消費税額のことを「仕入控除税額」といいます。

　また、この「課税売上に対応する部分」を計算する際には、総売上高の中に占める課税売上高の割合を使用します。

　この割合のことを、「課税売上割合」といいます。

♠課税売上割合の計算方法とその注意点

　仕入控除税額の計算をする際に使用する「課税売上割合」の計算方法とその注意点は、次のとおりです。

(1)　課税売上割合の計算方法

　課税売上割合は、総売上高の中に占める課税売上高の割合のこといい、次の算式により計算します。

　　［算式］課税売上割合 ＝ 課税売上高（税抜）÷ 総売上高（税抜）

(2)　課税売上割合を計算する際の注意点

　上記(1)の算式により課税売上割合を計算する際には、次のような点に注意が必要です。

①　総売上高は、課税売上高と非課税売上高の合計です。

② 　総売上高と課税売上高には、輸出取引等の売上高および貸倒れになった売上高を含みます。また、売上について返品・値引きなどがあった場合は、それらにかかる金額を控除します。

③ 　総売上高には、金銭債権および特定の有価証券等の対価の額を加えますが、その場合には、その譲渡対価の額の5％に相当する金額を加えます。

♠仕入控除税額の計算

　課税売上に係る消費税額から控除する「仕入控除税額」の計算方法は、「その課税期間中の課税売上高が5億円以下、かつ、課税売上割合が95％以上」であるか、「その課税期間中の課税売上高が5億円超または課税売上割合が95％未満」であるかにより異なります。

　なお、当課税期間が1年に満たない場合には、当課税期間の課税売上高を当課税期間の月数で除し、これに12を乗じて算出した金額（年換算した金額）で5億円以下か5億円超かの判定をします。

⑴　**課税売上高が5億円以下、かつ、課税売上割合が95％以上の場合**

　その課税期間中の課税仕入れ等に係る消費税額の「全額」を控除します。

⑵　**課税売上高が5億円超または課税売上割合が95％未満の場合**

　課税仕入れ等に係る消費税額の全額を控除するのではなく、「課税売上に対応する部分のみ」を控除します。具体的には、次の①または②のいずれかの方式によって計算した仕入控除税額を控除します。

①　**個別対応方式**

　その課税期間中の課税仕入れ等に係る消費税額のすべてを次のイ、ロ、ハに区分し、次の算式により計算した仕入控除税額を控除します。

イ　課税売上にのみ要する課税仕入れ等に係るもの

ロ　非課税売上にのみ要する課税仕入れ等に係るもの

ハ　課税売上と非課税売上に共通して要する課税仕入れ等に係るもの

　　［算式］仕入控除税額 ＝ イ ＋ （ ハ × 課税売上割合 ）

②　**一括比例配分方式**

　その課税期間中の課税仕入れ等に係る消費税額が⑴の個別対応方式のイ、

ロ、ハのように区分されていない場合、または区分されていてもこの方式を選択する場合に適用する方式で、次の算式によって計算した仕入控除税額を控除します。

［算式］仕入控除税額 ＝ 課税仕入れ等に係る消費税額 × 課税売上割合

なお、この一括比例配分方式を選択した場合には、２年間以上継続して適用した後でなければ、個別対応方式に変更することはできませんので選択する際には注意が必要です。

【図表95　個別対応方式と一括比例配分方式の比較イメージ図】

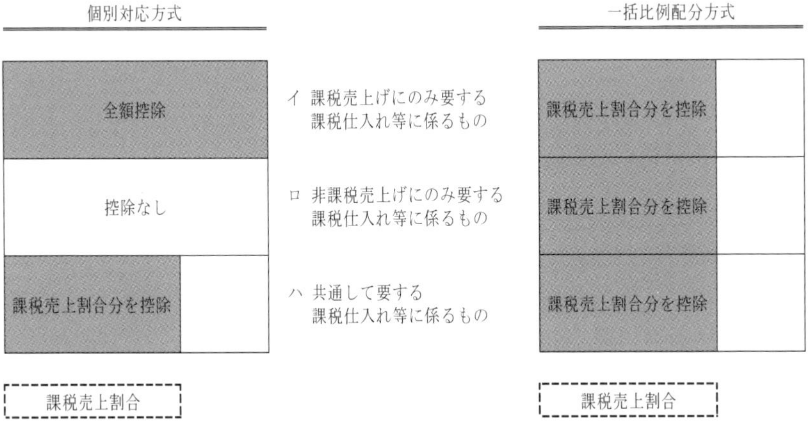

♦消費税の納税義務に変更があった場合の棚卸資産の調整

　仕入控除税額の計算方法は、前述のとおりですが、消費税の納税義務に変更があった場合には、この仕入控除税額の金額を調整する必要があります。

　具体的には、免税事業者から課税事業者になったときは、その課税期間の開始時点で保有している在庫車両の仕入に係る消費税については、仕入税額控除を受けていないため、当該課税期間の仕入控除税額に加算します。

　また、課税事業者から免税事業者になるときは、その課税期間の終了時点で保有している在庫車両の仕入に係る消費税については、免税事業者である課税期間中に販売することになるため、当該課税期間の仕入控除税額から減算します。

Q 52　消費税の簡易課税制度ってどういうこと

Answer Point

♤中小企業の事務負担を軽減するため設けられた特例制度です。

♤簡易課税では課税仕入れ等に係る消費税を使用しません。

♤事業区分とみなし仕入率について理解しましょう。

♠消費税の簡易課税制度とは

　消費税の簡易課税制度とは、中小企業の事務負担を軽減するため設けられている特例措置で、消費税の納付税額の計算を簡易的に行うことを認めるものです。

　消費税の納付税額の原則的な計算方法は、Q 51 でご説明したとおり、預かった消費税（課税売上に係る消費税）から支払った消費税（課税仕入れ等に係る消費税）を控除して計算しますが、簡易課税制度では、課税売上に係る消費税だけを基にして、簡易的に納税額を計算することができます。

♠簡易課税制度を適用するための要件

　簡易課税制度は、基準期間における課税売上高が 5,000 万円以下であり、かつ、簡易課税制度の適用を受ける旨の届出書（簡易課税制度選択届出書）を所轄の税務署に事前に提出している場合に限り適用することとされています。

　なお、基準期間における課税売上高については、Q 50 で詳しく説明していますので、そちらでご確認ください。

♠簡易課税制度における消費税の納付税額の計算方法

　簡易課税制度における消費税の納付税額の計算方法は、課税売上に係る消費税から控除する仕入控除税額を、「課税売上高に対する税額の一定割合」として計算するというもので、この一定割合のことを「みなし仕入率」とい

います。

　［算式］仕入控除税額 ＝ 課税売上高に対する税額 × みなし仕入率

♠簡易課税制度の事業区分とみなし仕入率
　消費税の簡易課税制度においては、事業をその形態により第一種から第六種までの6つに区分し、それぞれの事業の課税売上高に対し、第一種事業については90％、第二種事業については80％、第三種事業については70％、第四種事業については60％、第五種事業については50％、第六種事業については40％のみなし仕入率を適用して仕入控除税額を計算することになっています。

【図表96　事業区分別みなし仕入率表】

事業区分	みなし仕入率	該当する主な事業
第一種事業	90%	卸売業
第二種事業	80%	小売業
第三種事業	70%	建設業、製造業など
第四種事業	60%	飲食業など
第五種事業	50%	金融・保険業、サービス業など
第六種事業	40%	不動産業

　なお、事業区分の判定に当たって、事業者が行う事業が第一種事業から第六種事業までのいずれに該当するかの判定は、原則として、その事業者が行う課税資産の譲渡等ごとに行います。

♠事業区分ごとの意義・注意点
　簡易課税制度における事業区分については、図表96のとおりですが、みなし仕入率の適用を受けるそれぞれの事業の意義や注意点について、もう少し詳しくご説明します。
　なお、事業の分類については、原則として日本標準産業分類（統計調査の結果を産業別に表示する場合の統計基準として総務省が告示するもの）を基

礎としています。

(1) 第一種事業

第一種事業には、卸売業が該当します。

なお、ここでいう卸売業とは、「他の者から購入した商品をその性質、形状を変更しないで他の事業者に対して販売する事業」をいいますので、消費者から購入した商品を品質または形状を変更しないで他の事業者に販売する事業も卸売業に該当します。

また、業務用に消費される商品の販売（業務用小売）であっても事業者に対する販売であることが帳簿、書類等で明らかであれば卸売業に該当することになります。

(2) 第二種事業

第二種事業には、小売業が該当します。

なお、ここでいう小売業とは、「他の者から購入した商品をその性質、形状を変更しないで販売する事業で第一種事業以外の事業」をいいます。

(3) 第三種事業

第三種事業には、農業、林業、漁業、鉱業、建設業、製造業（製造小売業を含む）、電気業、ガス業、熱供給業、水道業などが該当します。

なお、第一種事業、および第二種事業に該当する事業は除かれます。

(4) 第四種事業

第四種事業には、第一種事業、第二種事業、第三種事業、第五種事業および第六種事業以外の事業、具体的には飲食店業などが該当します。

なお、事業者が自己において使用していた固定資産の譲渡を行う場合は、第四種事業に該当することになります。

(5) 第五種事業

第五種事業には、運輸通信業、金融・保険業、サービス業（飲食店業に該当する事業を除く）が該当します。

なお、第一種事業、第二種事業および第三種事業に該当する事業は除かれます。

(6) 第六種事業

第六種事業には、不動産業が該当します。

♠原則的な計算方法との比較計算

消費税の納付税額は、Q51 でご説明した原則的な計算方法と、簡易課税制度による計算方法とでは、異なった金額が計算されます。

例えば、中古車販売店が、2,200（税込）で仕入れた在庫車両を、4,000（税抜）で、一般消費者に販売したとします。

それぞれ納付税額は、以下のような算式で計算され、その計算結果に違いが生じます。

なお、仕入れた在庫車両を一般消費者に販売する事業は、小売業に該当し、簡易課税制度による計算では、第二種事業のみなし仕入率が適用されます。

(1) 原則的な計算方法の場合

［算式］課税売上高 4,000 × 10% － 課税仕入高 2,200 × 10/110 ＝ 200

(2) 簡易課税制度による計算方法の場合

［算式］課税売上高 4,000 × 10% － 4,000 × 10%×みなし仕入率 80% ＝ 80

（注）解説の便宜上、消費税率を 7.8％と 2.2％に分けずに計算しています。

♠簡易課税制度の有利不利判定とその注意点

消費税の納付税額の計算方法には、原則的な方法と簡易課税制度による方法があり、選択する計算方法によって納付税額が異なることは前述のとおりですが、基準期間における課税売上高が 5,000 万円以下である事業者は、この 2 つの計算方法のうち、いずれか有利な方法を選択することができます。

しかし、簡易課税制度による方法を選択するためには、事前に簡易課税制度選択届出書を所轄税務署に提出する必要があることや、1 度簡易課税制度による方法を選択した場合には、原則として、2 年間は継続的にその方法を適用する必要があることなど、注意すべき点が多くあります。

不利な計算方法を採用しているケースが散見されますので、基準期間における課税売上高が 5,000 万円以下の事業者に該当する場合には、税理士等に相談の上、今一度判定をし直してみるとよいでしょう。

Q 53　中古車販売店における簡易課税の事業区分は

Answer Point

♤加修度合いによって事業区分が異なります。

♤自動車整備業はサービス業に該当します。

♤保険手数料の事業区分が改正で変更されています。

♠中古車販売業における事業区分と勘定科目

　中古車販売という事業は、複数の売上項目が存在し、簡易課税制度における事業区分も、その売上項目ごとに異なります。

　第2章のQ 15でご紹介した勘定科目または補助科目によって売上項目を細分化させる科目体系は、経営管理の面だけでなく、消費税の事業区分管理の面からも有効となりますので、ぜひ自店にあった科目体系整備を進めてください。

♠売上種類ごとの事業区分

　それでは、中古車販売店において発生し得る売上項目やその他の収入項目について、その事業区分を順に解説します。

⑴　車両売上高

　中古車の販売売上は、仕入れた商品を同業者や一般消費者に販売する形となりますので、業販やオートオークションへの出品は、第一種事業（卸売業）、一般顧客への販売は第二種事業（小売業）と考えられます。

　しかし、この「卸売業」や「小売業」に該当するには、「他の者から購入した商品をその性質、形状を変更しないで」販売することが要件となり、この「性質、形状を変更しない」という表現が、中古車販売店における車両売上高の事業区分を判断する上で重要なポイントとなります。

　そこで、図表97に提示されている消費税の規定を確認しながら詳しく解説していきます。

【図表 97　性質及び形状を変更しないことの意義】

<性質及び形状を変更しないことの意義>

　第一種事業（卸売業）及び第二種事業（小売業）は、「他の者から購入した商品を
その性質及び形状を変更しないで販売する事業」をいうものとされているが、この
場合の「性質及び形状を変更しないで販売する」とは、他の者から購入した商品を
そのまま販売することをいう。

　なお、商品に対して、例えば、次のような行為を施したうえでの販売であっても
「性質及び形状を変更しないで販売する」場合に該当するものとして取り扱う。

(1)　他の者から購入した商品に、商標、ネーム等を貼付け又は表示する行為

(2)　運送の利便のために分解されている部品等を単に組み立てて販売する場合、例
　　えば、組立て式の家具を組み立てて販売する場合のように仕入商品を組み立てる
　　行為

(3)　2以上の仕入商品を箱詰めする等の方法により組み合わせて販売する場合の当
　　該組合せ行為

（消基通 13－2－2 より抜粋）

　つまり、軽微な組み立てのみ「性質及び形状を変更しないで」に該当する
のであって、中古車販売店が、下取りやオートオークションで仕入れた車両
について、板金塗装や部品交換を伴う整備をしてから店頭販売する行為は、
この「性質及び形状を変更しないで」には該当しません。

　したがって、中古車販売店における車両売上高のうち、通常の点検整備や
車内清掃・ワックスがけといった程度で販売する場合には、第一種事業また
は第二種事業に、一定の加修をしてから販売する場合には、第三種事業にそ
れぞれ該当することになります。

⑵　整備売上高

　自動車の整備や修理の売上は、原則として「第五種事業（サービス業等）」
に該当します。

　なお、スポットで整備業務や修理業務を受託した場合において、整備や修
理に伴う部品代金を区分して請求書に記載していたとしても、その部品代金
も含めて全体が第五種事業に該当します。

　一方、同じスポットで受託した業務であっても、整備や修理に伴ったもの

ではなく、タイヤ交換やオイル交換といった商品の販売と工賃をあわせて請求する様な場合には、商品の販売部分は「第一種事業（卸売業）」または「第二種事業（小売業）」に該当し、その交換工賃の部分のみが第五種事業に該当します。

(3) 手数料売上高

登録業務や代行業務にかかる売上高は、「第五種事業（サービス業等）」に該当します。

(4) 保険手数料売上

自賠責保険や自動車保険（任意保険）の代理店手数料として受け取る売上高は、「第五種事業（保険業）」に該当します。

なお、この取扱いは、平成26年度税制改正により平成27年4月1日以後に開始する課税期間から適用されているもので、平成27年3月31日以前に開始する課税期間においては、「第四種事業（保険業）」に該当していました。改正に伴う対応がきちんとできているか、今一度ご確認ください。

(5) 事業用資産の売却

中古車販売店が事業として使用している設備などで買替え等によって不用になったものを売却した場合、この売却収入は、第四種事業に該当します。

(6) リサイクル預託金売上高

車両販売時にお客様から受け取るリサイクル預託金の代金は、課税売上には該当しません。詳しくは、Q55の中でご紹介していますので、そちらをご覧ください。

(7) 付属品売上高

中古車を一般消費者に販売する際に、アルミホイールやカーナビといった付属品をあわせて販売した場合、この販売は、原則として第二種事業（小売業）に該当します。

なお、取付工賃を別に請求する場合には、その取付工賃部分は、第五種事業（サービス業）に該当します。

(8) その他の売上高

代車の使用料など、上記(1)～(7)に掲げるもの以外については、個別に検討することになりますが、その大半は第五種事業に該当します。

Q 54 自動車税や自賠責保険料が課税取引になるってホント

Answer Point

♤自動車税の未経過分相当額は課税取引です。

♤単に立て替えた自動車税の精算金は課税取引ではありません。

♤自賠責保険料の未経過分相当額も課税取引です。

♠中古車販売業における取引慣行

第3章のＱ29の中でご紹介したとおり、中古車販売業においては、車検残がある車両を販売する際など、実際の登録時や名義変更時には支払の必要がない場合であっても、未経過分の相当額として、自動車税や自賠責保険料の月割り分をお客様に請求する取引慣行があります。

これは、不動産取引において固定資産税相当額を日割り精算する取引慣行（売買精算）に類似しており、これらの未経過分の相当額は車両代金の一部として取り扱います。

♠消費税における取扱い

未経過分の相当額である自動車税や自賠責保険料は車両代金の一部として取り扱い、「売上高」として経理処理します。

しかし、消費税における取扱いは、経理処理上の取扱いと必ずしも一致するものではありませんので、消費税における規定についても、確認しておく必要があります。

【図表98　未経過固定資産税等の取扱い】

<未経過固定資産税等の取扱い>

　固定資産税、自動車税等（以下「固定資産税等」という。）の課税の対象となる資産の譲渡に伴い、当該資産に対して課された固定資産税等について譲渡の時において未経過分がある場合で、その未経過分に相当する金額を当該資産の譲渡について収受する金額とは別に収受している場合であっても、当該未経過分に相当する金額

は当該資産の譲渡の金額に含まれるのであるから留意する。

（注）資産の譲渡を受けた者に対して課されるべき固定資産税等が、当該資産の名義
変更をしなかったこと等により当該資産の譲渡をした事業者に対して課された場
合において、当該事業者が当該譲渡を受けた者から当該固定資産税等に相当する
金額を収受するときには、当該金額は資産の譲渡等の対価に該当しないのである
から留意する。

（消基通 10-1-6）

　この規定自体は、固定資産税がメインですが、固定資産税、自動車税に限らず、
未経過分に相当する金額は資産の譲渡の金額に含まれると規定されています。

　つまり、販売した中古車にかかる自動車税の未経過分相当額は、消費税に
おいても、その販売車両の譲渡代金として取り扱うことになり、販売車両の
譲渡代金そのものが課税取引（課税売上高）に該当しますので、当該未経過
分相当額も課税売上高に該当することになります。

♠名義変更を失念した場合の自動車税

　図表 98 の規定には、注意事項としてもう 1 つの取扱いが記載されていま
した。それは、何らかの事情により名義変更が行われず、売主に対して翌年
分の自動車税の納税通知が届き、その立替分として売主が買主から受け取っ
た自動車税相当額の取扱いです。

　中古車販売店において、名義変更を失念することはないと思いますが、こ
のような場合には、同じ自動車税相当額であっても、あくまでも立替分の精
算となりますので、消費税の課税売上高には該当しません。

♠自賠責保険料に関する規定

　自賠責保険料の未経過分相当額に関する取扱いについては、明確な規定は
ありませんが、自賠責保険料の負担者と中古車販売取引の性質から判断し、
また、国税庁が公開している質疑応答事例の中で「未経過分の自賠責保険料
相当額を区分して表示する場合も、自動車税相当額と同様、資産の譲渡等の
対価の額に含まれます」と回答されていることから、自賠責保険料の未経過
分相当額についても、課税売上高に該当することになります。

Q 55　リサイクル預託金にかかる消費税は

Answer Point

♧リサイクル料金には消費税が含まれています。

♧リサイクル料金の消費税認識時期を正しく理解しましょう。

♧リサイクル預託金の精算は金銭債権の譲渡に該当します。

♠リサイクル料金の消費税認識時期

　リサイクル料金の内訳は、第4章のQ 41の中でご紹介したとおり、次の5種類ですが、これらのリサイクル料金は、役務提供の対価であり、そのすべてに消費税が含まれています。

①　シュレッダーダスト料金

②　フロン類料金

③　エアバッグ類料金

④　情報管理料金

⑤　資金管理料金

　リサイクル料金には、消費税が含まれていないという印象を持たれている方も多いと思います。

　しかし、リサイクル料金に関する消費税については、その消費税を認識する時期をきちんと把握することで、その仕組みを簡単に理解することができます。

♠新車購入時に消費税を認識するもの

　前述の5種類のリサイクル料金のうち、「⑤　資金管理料金」のみ、自動車の最初の所有者（新車で購入した人）が負担し、その最初の所有者が事業者である場合には、支払時に費用（課税仕入れ）として処理します。

　つまり、「⑤　資金管理料金」については、新車購入時に消費税が認識されることになります。

♠廃車時に消費税を認識するもの

　前述の5種類のリサイクル料金のうち、「⑤　資金管理料金」を除く①から④のリサイクル料金については、将来の費用の預託（リサイクル預託金）として、自動車の所有者が変わる都度、新たな所有者に引き継がれ、その自動車の最後の所有者が廃車をする際に負担します。

　そして、その最後の所有者が事業者である場合には、「預け金」や「預託金」などの資産科目で処理していたリサイクル預託金相当額を費用（課税仕入）に振り替える処理をします。

　つまり、「⑤　資金管理料金」を除く①から④のリサイクル料金については、廃車時に消費税が認識されることになります。

♠中古車として転売した際の取扱い

　中古車の売買に際して精算されるリサイクル預託金については、資金管理法人に預託されているものであり、売主から買主へ、そのリサイクル預託金の譲渡が行われたことになります。

　そして、このリサイクル預託金の譲渡は、金銭債権の譲渡として非課税取引となります。

♠金銭債権の譲渡と消費税における取扱い

　前述のとおり、リサイクル預託金の譲渡は金銭債権の譲渡として非課税取引になるわけですが、この金銭債権の譲渡の消費税における取扱いについては、平成26年度の税制改正により変更されました。改正後は、中古車販売に伴うリサイクル預託金相当額については、課税売上割合の計算上、その5%相当額のみを分母に加えることになっています。

【図表99　リサイクル預託金の譲渡がある場合の課税売上割合の計算】

$$課税売上割合 = \frac{課税売上高}{課税売上高 + 非課税売上高 + リサイクル預託金相当額 \times 5\%}$$

　なお、この取扱いは、平成26年4月1日以後に行った中古車販売から適

用されているもので、改正に伴う対応ができているか、今一度ご確認ください。

♠ **中古車販売店が行うべき処理**

リサイクル預託金にかかる消費税の取扱いについて説明してきましたが、以下に中古車販売店が行うべき処理をまとめてみます。

⑴ **仕入時**

リサイクル預託金相当額を車両本体の仕入と区分するため「リサイクル預託金仕入高」などの勘定科目で仕訳処理し、棚卸資産の取得価額に加算する。

なお、この際の消費税課税区分は、非課税仕入として取り扱う。

⑵ **売上時**

リサイクル預託金相当額を車両本体などの売上と区分するため、「リサイクル預託金売上高」などの勘定科目で仕訳処理する。

なお、この際の消費税課税区分は、非課税売上（金銭債権の譲渡）として取り扱う。

⑶ **消費税申告書作成時**

課税売上割合の計算において、「リサイクル預託金売上高」の5%相当額をその分母に加えて計算する。

なお、「リサイクル預託金仕入高」は、消費税の納付税額の計算には使用しないので、課税仕入高に含めないよう注意する。

♠ **不課税取引と非課税取引の区分の必要性**

消費税の課税取引とならない「不課税取引」と消費税の課税取引となるが、非課税項目に該当するため消費税が課税されない「非課税取引」の区分の必要性について、売上側は課税売上割合の計算上、非課税売上高を正しく把握するために、明確に区分する必要があります。

一方、仕入側は、不課税仕入と非課税仕入の取扱いはいずれも同じであることから、実務上は区分する必要はありません。

ただし、正しく消費税を理解するといった観点からは、仕入側も不課税仕入と非課税仕入を区分しておくことを推奨します。

Q 56 中古車販売店の展示場や車両置き場にかかる消費税は

Answer Point

♧非課税となる土地の貸付を理解しましょう。

♧更地で借りる展示場の地代は非課税となります。

♧区画のない車両置き場の地代は非課税となります。

♠中古車販売業における地代家賃

　中古車販売業という業種は、在庫車両を持たない無店舗型の経営形態である場合を除いて、その展示場や車両置き場にかかる「地代家賃」の経費負担が非常に大きいのが特徴です。

　そのため、それらにかかる消費税の取扱いについても注意が必要となります。

♠土地の貸付は非課税

　Q 49 の中で消費税の非課税取引は限定列挙であるとご紹介しましたが、その中に「土地の譲渡及び貸付け」という項目が含まれていました。

　つまり、中古車販売店が地主から展示場や車両置き場のための土地を賃借している場合には、その地代には消費税が課されておらず、非課税仕入となるのです。

　しかし、中古車販売店が地主から賃借する展示場や車両置き場については、その設備の状況などによって取扱いが様々です。

　それだけに、実務上も混乱を招きやすい論点であるため、根拠規定を交えて詳しく見ていきます。

♠非課税の限定列挙と土地の貸付け

　まずは、消費税において非課税取引や土地の貸付がどのように規定されているのかを確認します。

【図表100　非課税】

> ＜非課税＞
> 　国内において行われる資産の譲渡等のうち、別表第一に掲げるものには、消費税
> を課さない。
> （消費税法第6条）

　非常にシンプルですが、消費税における非課税については、この2行しか
規定されておらず、この中の「別表第一」に非課税になる取引が列挙されて
います。

　このことから、消費税における非課税取引は限定列挙であるというわけで
す。では、その中の「土地の譲渡及び貸付け」の部分を見てみましょう。

【図表101　別表第一（第六条関係）】

> ＜別表第一（第六条関係）＞
> 一　土地（土地の上に存する権利を含む。）の譲渡及び貸付け（一時的に使用させる
> 　場合その他の政令で定める場合を除く。）

　この別表第一には全13の非課税項目が列挙されているのですが、「土地
の譲渡及び貸付け」については、その1番最初に掲げられています。

　なお、土地のカッコ書きにある「土地の上に存する権利」とは、いわゆる「借
地権」を指しており、消費税では借地権も土地と同様に扱うことになります。

♠一時的に使用させる場合

　先ほどの別表第一の土地に関する記載の中に、「一時的に使用させる場合
その他の政令で定める場合を除く」というカッコ書きがありました。

　これによると、土地の貸付であっても「一時的である場合」や「その他政令で
定める場合」には非課税には該当せず、消費税の課税取引になるというわけです。

　それでは、「一時的」というのはいったいどれくらいの期間を指すのか、
その期間は、何を基準に判断すべきなのか、もう少し詳しく見てみましょう。

【図表102　土地の貸付けから除外される場合】

> ＜土地の貸付けから除外される場合＞
> 　一時的に使用させる場合その他の政令で定める場合は、土地の貸付けに係る期間が

1月に満たない場合及び駐車場その他の施設の利用に伴って土地が使用される場合とする。

（消費税法施行令第8条）

【図表103　土地の貸付期間の判定】

＜土地の貸付期間の判定＞

　土地の貸付けから除外される場合に規定する「土地の貸付けに係る期間が1月に満たない場合」に該当するかどうかは、当該土地の貸付けに係る契約において定められた貸付期間によって判定するものとする。

（消基通6-1-4）

　つまり、土地の貸付期間が1か月未満の場合には、その土地の貸付は消費税の課税取引となり、その貸付期間は契約期間で判定するということです。

　中古車販売業においては、店舗外の敷地を借りて、期間限定のセールイベントや感謝祭を開催する場合などに、注意が必要です。

♠施設の利用に伴って土地が使用される場合

　次に、もう1つの土地の貸付から除外される場合に該当する「駐車場その他の施設の利用に伴って土地が使用される場合」について見てみます。

【図表104　土地付建物等の貸付け】

＜土地付建物等の貸付け＞

　土地の貸付けから除外される場合の規定により、施設の利用に伴って土地が使用される場合のその土地を使用させる行為は土地の貸付けから除かれるから、例えば、建物、野球場、プール又はテニスコート等の施設の利用が土地の使用を伴うことになるとしても、その土地の使用は、土地の貸付けに含まれないことに留意する。

（消基通6-1-5より抜粋）

　この規定には、至極当然のことが書かれています。土地の上に建物が建っていて、その建物を貸し付けた場合には、借主が土地も含めて使用することになったとしても、その土地部分は非課税となる土地の貸付には該当しないというものです。そして、建物だけでなく駐車場などの施設についても同様であるとされています。

♠中古車販売店の展示場と消費税

　中古車販売店が展示場を賃借する場合において、その契約形態は２通りが想定されます。

　まず１つ目は、いわゆる居抜きで展示場設備や事務所建物などを賃借するケースです。このケースは、前述の施設の利用に伴って土地が使用される場合に該当しますので、その地代家賃は消費税の課税取引に該当し、課税仕入として経理処理します。

　次に２つ目は、更地の状態で土地を賃借し、中古車販売店自らがアスファルト舗装の施工や事務所建物を建築するケースです。このケースは、単に土地を賃借しただけとなりますので、その地代家賃は消費税の非課税取引に該当し、非課税仕入として経理処理します。

♠中古車販売店の車両置き場と消費税

　中古車販売業においては、在庫車両数と展示場の広さが見合わない場合や、整備待ち車両や納車待ち車両の駐車スペースとして、展示場とは別に車両置き場を賃借することがあります。この場合の地代家賃にかかる消費税の取扱いについても注意が必要です。

【図表105　土地付建物等の貸付け（注意書き）】

＜土地付建物等の貸付け（注意書き）＞
　事業者が駐車場又は駐輪場として土地を利用させた場合において、その土地につき駐車場又は駐輪場としての用途に応じる地面の整備又はフェンス、区画、建物の設置等をしていないとき（駐車又は駐輪に係る車両又は自転車の管理をしている場合を除く。）は、その土地の使用は、土地の貸付けに含まれる。
（消基通6-1-5より抜粋）

　図表105の規定は、先ほどご紹介した「土地付建物等の貸付け」に関する規定の注意書きとして書かれているものですが、駐車場の貸付であっても、区画等がされていないときは、その地代家賃は消費税の非課税取引に該当する旨が規定されています。

　つまり、車両置き場で賃借した場合でも、区画等がされていない土地の地代家賃は、非課税仕入として経理処理する必要があります。

Q57 中古車販売店における損害賠償金にかかる消費税は

Answer Point

♤損害賠償金は原則として課税取引ではありません。

♤商品車両にかかる損害賠償金が課税取引になることがあります。

♤お客様へ支払う損害賠償金が課税取引になることがあります。

♠中古車販売店と損害賠償金

　損害賠償金とは、違法な行為により損害を受けた者（将来受けるはずだった利益を失った場合を含む）に対して、その原因をつくった者が損害の埋め合わせをするために支払う金銭のことをいいます。

　中古車販売店に限らず、商品を扱う事業というのは、その事業経営において損害賠償金というものが常に関係してきます。

　特に中古車販売店は、商品車両に対して損害を受けたことにより損害賠償金を受け取ることもあれば、商品車両の不具合によりお客様に損害を与えてしまい損害賠償金を支払うこともあるなど、よくも悪くも損害賠償金とのかかわりが深い業種です。

　ここでは、そんな中古車販売店がその事業経営の中でかかわる可能性が高い損害賠償金と、その損害賠償金にかかる消費税の取扱いについてご紹介します。

♠損害賠償金と課税取引の要件

　Q49の中で、消費税の課税取引となるための4つの要件についてご紹介しましたが、損害賠償金を受け取りまたは支払う取引には対価性がなく、4要件のうち「対価を得て行われる」に該当しないため、原則として消費税の課税取引には該当しません。

　ただし、以下に例示する取引は、一定の要件に該当する場合には、消費税の課税取引となる場合があります。

⑴　商品車に損害を受けたことにより受け取る損害賠償金

　中古車販売店が商品車両に損害を受けたことにより受け取る損害賠償金は、対価性がないことから、原則として消費税の課税取引には該当しません。

　しかし、一定の要件に該当する場合には、消費税の課税取引になる可能性があります。まずは、図表106の規定をご覧ください。

【図表106　損害賠償金】

<損害賠償金>

　損害賠償金のうち、心身又は資産につき加えられた損害の発生に伴い受けるものは、資産の譲渡等の対価に該当しないが、例えば、次に掲げる損害賠償金のように、その実質が資産の譲渡等の対価に該当すると認められるものは資産の譲渡等の対価に該当することに留意する。

⑴　損害を受けた棚卸資産等が加害者に引き渡される場合で、当該棚卸資産等がそのまま又は軽微な修理を加えることにより使用できるときに当該加害者から当該棚卸資産等を所有する者が収受する損害賠償金

⑵　省略

⑶　省略

（消基通5-2-5より抜粋）

　この規定には、「実質が資産の譲渡等の対価に該当する損害賠償金」は消費税の課税取引に該当する旨が書かれており、その具体例として「軽微な修理程度で使用可能な商品が加害者に引き渡される場合の損害賠償金」などが挙げられています。

　つまり、陸送会社が商品車両を傷つけたことにより、「実質買取り」という形で受け取る損害賠償金などは、消費税の課税取引に該当することになります。

⑵　お客様からのクレームに対して支払う損害賠償金

　中古車販売店が、車両の不良、グレードの相違、納車遅延などによりお客様からクレームを受けたことで支払う損害賠償金であって、その支払いが実質的には車両代金の値引きと認められる場合には、課税売上の値引きとして消費税の課税取引に該当することになります。

Answer Point

♤自動車を廃車にした場合には重量税が還付されます。

♤自動車重量税の還付金は課税取引ではありせん。

♤自動車税等の未経過分相当額との混同に注意しましょう。

♠自動車重量税と廃車還付金制度

　自動車重量税とは、自動車を保有している場合に課される税金の１つで、主として車検時に、その自動車の種類や重量そして車検の有効期間に応じて課されます。

　この自動車重量税については、平成17年１月から「使用済自動車の再資源化等に関する法律（自動車リサイクル法）」の施行と同時に、「使用済自動車に係る自動車重量税の廃車還付制度」がスタートしています。

　ここでは、制度の概要とあわせて、その還付金にかかる消費税の取り扱いについてご紹介します。

♠使用済自動車に係る自動車重量税の廃車還付制度とは

　使用済自動車に係る自動車重量税の廃車還付制度とは、自動車リサイクル法に基づき、使用済自動車が適正に解体され、解体を事由とする永久抹消登録申請または解体届出と同時に還付申請が行われた場合に、車検残存期間に対応する自動車重量税額が還付される制度をいいます。

　つまり、車検残のある車両を廃車にした場合には、自動車重量税が還付される制度です。

♠還付金の申請手続は

　還付金の申請手続は、使用済自動車の最終所有者が、リサイクルのためにディーラーなどの引取業者へ当該使用済自動車を引き渡し、その後、引取業

者から使用済自動車が解体された旨の連絡を受けた後に、永久抹消登録申請書または解体届出書と一体となった様式の還付申請書に、還付申請にかかる必要事項を記載の上、図表107の運輸支局等の窓口へ提出することによって行います。

【図表107　具体的な申請書の提出先一覧】

区分	手続	還付申請書提出先
登録自動車	永久抹消登録申請	所轄の運輸支局又は自動車検査登録事務所
	解体届出	最寄りの運輸支局又は自動車検査登録事務所
軽自動車	解体届出（自動車検査証の返納あり）	所轄の軽自動車検査協会の事務所
	解体届出（自動車検査証は返納済み）	最寄りの軽自動車検査協会の事務所

♠還付される自動車重量税の金額

　この制度により還付される自動車重量税額は、次の計算式により求めることができます。

　　［算式］納付済の自動車重量税額　×　車検残存期間　÷　車検有効期間

　なお、車検残存期間に1か月に満たない端数がある場合には、これを切り捨てて計算しますので、車検残存期間が1か月以上ある場合に限り、還付を受けることができます。

♠自動車重量税の還付金と消費税

　この使用済自動車の最終所有者は、通常一般ユーザーであることが多いですが、中古車販売店が最終所有者となった場合には、受け取った還付金について、適正に経理処理をする必要があります。

　中古車販売店が還付申請手続により受け取る自動車重量税は、税金（租税公課）の返還となりますので、経理処理としては「租税公課のマイナス処理」または「雑収入」とするのが妥当です。

　そして、消費税の取扱いについては、対価性がある取引ではありませんので、課税取引には該当しません。

　Q54の中でご紹介した、自動車税や自賠責保険料の未経過分相当額の取扱いと混同しないようご注意ください。

Q 59　消費税の軽減税率と中古車販売業への影響は

Answer Point

♧消費税率引上げと同時に軽減税率制度が始まりました。

♧軽減税率の対象品目を理解しましょう。

♧中古車販売業への影響は、僅少です。

♠消費税の軽減税率制度

　令和元年（2019 年）10 月 1 日から、消費税の税率が 8% から 10%に引上げられたと同時に、消費税の軽減税率制度が実施されました。

　軽減税率制度とは、「低所得者への経済的な配慮」を目的として、生活する上で必須となる食料品などの税率を低くするというものです。

　なお、軽減税率の対象品目に該当する場合には、「消費税（国税）6.24%」と「地方消費税（地方税）1.76%」の合計税率 8% が適用されます。

♠軽減税率の対象品目

　軽減税率の対象となるのは、「飲食料品」と「新聞」の 2 つのみで、いわゆる生活必需品のすべてが対象となるわけではありません。

　ここでいう飲食料品とは、食品表示法に規定する食品（酒類を除く）をいい、外食やケータリングなどは、軽減税率の対象品目には含まれません。

　また、新聞についても、週 2 回以上発行されるもので、定期購読契約に基づくものに限定されているので、軽減税率の対象となる商品は、限定的であるといえます。

♠一体資産の取扱い

　軽減税率の対象となる商品と、軽減税率の対象とならない商品がセットで販売されているものを「一体資産」といいますが、この一体資産は原則として軽減税率の対象となりません。

しかし、次の①、②のいずれの要件も満たす場合は、飲食料品として、その商品全体が軽減税率の対象となります。

①　一体資産の対価の額（税抜）が、１万円以下であること

②　一体資産の価額に占める食品部分の割合が３分の２以上であること

　なお、食品部分の割合は「一体資産の売価のうち、食品の売価が占める割合」や「一体資産の原価のうち、食品の原価が占める割合」などの合理的な方法によって計算します。

♠一体資産に該当しない商品

　食品と食品以外の資産が一の資産を形成し、または構成しているものであっても、例えば次のような場合には、一体資産には該当しません。

①　食品と食品以外の資産を組み合わせた一の詰め合わせ商品について、当該詰め合わせ商品の価格とともに、これを構成する個々の商品の価格を内訳として提示している場合

②　個々の商品の価格を提示しているか否かにかかわらず、商品（食品と食品以外）を、例えば「よりどり３品○○円」との価格を提示し、顧客が自由に組み合わせることができるようにして販売している場合

♠軽減税率の対象とならない外食

　軽減税率の対象とならない「外食」とは、飲食店業等を営む者が、テーブル、椅子、カウンターその他の飲食に用いられる設備（以下「飲食設備」という）のある場所において、飲食料品の飲食をさせる役務の提供をいい、例えばレストランやフードコートでの食事の提供などがこれに該当します。

　ただし、飲食店業等を営む者が行うものであっても、飲食料品を持ち帰りのための容器に入れ、または包装をして行う「テイクアウト」や「持ち帰り販売」は、飲食料品の飲食をさせる役務の提供にはあたらない単なる飲食料品の販売であることから、軽減税率が適用されます。

　なお、店内飲食と持ち帰り販売の両方を行っている飲食店等においては、その飲食料品を提供する時点で、「店内飲食（標準税率）」か「持ち帰り販売（軽減税率）」かを、顧客に意思確認を行うなどの方法により判定することに

なります。

♠軽減税率の対象とならないケータリング

軽減税率の対象とならない「ケータリング」とは、相手方が指定した場所で、飲食料品の提供を行う事業者が、例えば、加熱、切り分け・味付けなどの調理、盛り付け、食器の配膳、取り分け用の食器等を飲食に適する状況に配置するなどの役務を伴って飲食料品の提供をすることをいいます。

なお、有料老人ホームにおける食事の提供や学校給食等は、飲食料品の譲渡として軽減税率の対象となります。

♠軽減税率の対象となる新聞の譲渡

軽減税率の対象となる「新聞の譲渡」とは、一定の題号を用い、政治、経済、社会、文化等に関する一般社会的事実を掲載する週2回以上発行される新聞の定期購読契約に基づく譲渡をいいます。

したがって、いわゆるスポーツ新聞や各業界新聞なども、政治、経済、社会、文化等に関する一般社会的事実を掲載するものに該当するものであれば、週2回以上発行され、定期購読契約に基づき譲渡する場合は、軽減税率が適用されます。

なお、駅売りの新聞などは、定期購読契約に基づかない新聞の譲渡となるので、軽減税率の適用対象とはなりません。

♠中古車販売業への影響

中古自動車の譲渡や鈑金・整備等の役務の適用は、軽減税率の適用対象ではないことから、軽減税率制度の導入が中古車販売業に与える影響は僅少です。

ただし、福利厚生や来客用として飲料を購入する場合や店舗用の新聞を定期購読する場合など、軽減税率の対象となる取引はどの店舗でも必ず発生しますので、会計ソフトにこれらの経費を入力する際は、「標準税率」が適用されるのか、それとも「軽減税率」が適用されるのかを、しっかり区分することが重要となります。

Q 60　消費税の適格請求書等保存方式ってどういうこと

Answer Point

♤令和5年（2023年）10月1日からインボイス制度が開始しました。

♤適格請求書発行事業者の登録が必要です。

♤仕入税額控除の要件を確認しましょう。

♠消費税の適格請求書等保存方式

　消費税率の引上げおよび軽減税率の導入から4年後の令和5年（2023年）10月1日から、複数税率に対応した消費税の仕入税額控除の方式として「適格請求書等保存方式（いわゆるインボイス制度）」が導入されました。

　これにより、令和5年（2023年）10月1日以降は、税務署長に申請して登録を受けた課税事業者である「適格請求書発行事業者」が交付する「適格請求書」等の保存が仕入税額控除の要件となりました。

♠適格請求書の交付義務と記載事項

　適格請求書とは、「売り手が、買い手に対して正確な適用税率や消費税額等を伝えるための手段」であり、適格請求書発行事業者は、相手方（課税事業者に限る）から交付を求められたときは、適格請求書を交付する義務があります。

　なお、適格請求書の様式は、法令等で定められていませんが、適格請求書として必要な次の事項が記載された書類（請求書、納品書、領収書、レシート等）であれば、その名称を問わず、適格請求書に該当します。

① 　適格請求書発行事業者の氏名または名称および登録番号

② 　取引年月日

③ 　取引内容（軽減税率の対象品目である場合はその旨）

④ 　税率ごとに合計した対価の額（税抜または税込）および適用税率

⑤ 　消費税額（端数処理は、一請求書あたり、税率ごとに1回ずつ）

⑥　書類の交付を受ける事業者の氏名または名称

　なお、不特定多数の者に対して販売等を行う小売業、飲食店業、タクシー業等については、上記⑥の事項を記載不要にするなど、記載事項を簡易なものとした「適格簡易請求書」を交付することができます。

♠適格請求書の交付免除

　適格請求書発行事業者が行う事業の性質上、適格請求書を交付することが困難な次の取引については、適格請求書の交付義務が免除されます。

①　３万円未満の公共交通機関（船舶、バスまたは鉄道）による旅客の運送

②　出荷者が卸売市場において行う生鮮食料品等の販売（出荷者から委託を受けた受託者が卸売の業務として行うものに限る）

③　生産者が農業協同組合、漁業協同組合または森林組合等に委託して行う農林水産物の販売（無条件委託方式かつ共同計算方式により生産者を特定せずに行うものに限る）

④　３万円未満の自動販売機および自動サービス機により行われる商品の販売等

⑤　郵便切手類のみを対価とする郵便・貨物サービス（郵便ポストに差し出されたものに限る）

♠適格請求書発行事業者の登録

　適格請求書を交付しようとする課税事業者は、税務署長に「適格請求書発行事業者の登録申請書」を提出し、適格請求書発行事業者として登録を受ける必要があります。

　当該申請書は、パソコン、スマートフォン、書面送付の３つの方法で提出することが可能で、その提出を受けた税務署長は、登録申請書の審査を行った後、適格請求書発行事業者登録簿に法定事項を登載して登録を行い、登録を受けた事業者に対して登録番号を通知します。

　なお、適格請求書発行事業者の登録申請から登録番号発行までの期間は、e-Tax による申請の場合は約１か月、書面による申請の場合は約１か月半が目安となっています。

♠免税事業者が適格請求書発行事業者の登録を受ける場合

　適格請求書発行事業者の登録は、課税事業者でなければ受けることができないため、免税事業者が登録を受けるためには、「消費税課税事業者選択届出書」を提出して、課税事業者となる必要があります。

　ただし、免税事業者が、令和 5 年（2023 年）10 月 1 日から令和 11 年（2029年）9 月 30 日の属する課税期間中に登録を受けることとなった場合には、登録を受けた日から課税事業者となる経過措置が設けられています。

　したがって、この経過措置の適用を受けることとなる場合には、登録日から課税事業者となるので、登録を受けるにあたって「消費税課税事業者選択届出書」を提出する必要はありません。

　なお、登録日が令和 5 年（2023 年）10 月 1 日から令和 11 年（2029 年）9 月 30 日の属する課税期間の翌課税期間以降の場合には、その課税期間の初日の前日までに「消費税課税事業者選択届出書」を提出し、課税事業者を選択するとともに、その課税期間の初日から起算して 15 日前の日までに、登録申請書を提出する必要があります。

♠仕入税額控除の要件

　適格請求書等保存方式の下では、一定の事項を記載した帳簿および適格請求書等の保存が仕入税額控除の要件となります。

　なお、適格請求書発行事業者は、相手方（課税事業者に限る）に交付した適格請求書等の記載事項に誤りがあったときは、修正した適格請求書等を交付しなければならないとされています。

　したがって、記載事項に誤りがある適格請求書等の交付を受けた事業者は、自ら追記や修正を行うことはできず、仕入税額控除を行うために、売手である適格請求書発行事業者に対して、修正した適格請求書等の交付を求め、その交付を受ける必要があります。

♠帳簿のみの保存で仕入税額控除が認められる場合

　適格請求書等の交付を受けることが困難であるなどの理由から、次の取引については、一定の事項を記載した帳簿のみの保存で仕入税額控除が認めら

れます。

① 適格請求書の交付義務が免除される3万円未満の公共交通機関による旅客の運送

② 適格簡易請求書の記載事項（取引年月日を除く）が記載されている入場券等が使用の際に回収される取引（①に該当するものを除く）

③ 古物営業を営む者の適格請求書発行事業者でない者からの古物（古物営業を営む者の棚卸資産に該当するものに限る）の購入

④ 質屋を営む者の適格請求書発行事業者でない者からの質物（質屋を営む者の棚卸資産に該当するものに限る）の取得

⑤ 宅地建物取引業を営む者の適格請求書発行事業者でない者からの建物（宅地建物取引業を営む者の棚卸資産に該当するものに限る）の購入

⑥ 適格請求書発行事業者でない者からの再生資源および再生部品（購入者の棚卸資産に該当するものに限る）の購入

⑦ 適格請求書の交付義務が免除される3万円未満の自動販売機および自動サービス機からの商品の購入等

⑧ 適格請求書の交付義務が免除される郵便切手類のみを対価とする郵便・貨物サービス（郵便ポストに差し出されたものに限る）

⑨ 従業員等に支給する通常必要と認められる出張旅費等（出張旅費、宿泊費、日当および通勤手当）

♠適格請求書発行事業者以外の者からの仕入税額控除

　適格請求書等保存方式の下では、適格請求書発行事業者以外の者（消費者、免税事業者または登録を受けていない課税事業者）からの仕入については、仕入税額控除の要件である適格請求書等の交付を受けることができないことから、仕入税額控除を行うことができません。

　ただし、適格請求書等保存方式導入から一定期間は、仕入税額相当額の一定割合を仕入税額として控除できる経過措置が設けられています。

[経過措置の適用期間と適用割合]

・令和5年10月1日から令和8年9月30日まで … 仕入税額相当額の80%

・令和8年10月1日から令和11年9月30日まで … 仕入税額相当額の50%

Q61 インボイス制度の少額特例と2割特例ってどういうこと

Answer Point

♤少額特例の要件と適用対象者・適用対象期間を押さえましょう。

♤2割特例の要件と適用対象者・適用対象期間を押さえましょう。

♤2割特例は申告の都度その適用を選択することができます。

♠インボイス制度の少額特例

　少額特例は、一定規模以下の事業者に対する事務負担の軽減を目的として、税込1万円未満の課税仕入れについて、インボイスの保存がなくとも一定の事項を記載した帳簿の保存のみで仕入税額控除を認めるという特例制度です。

　なお、この特例は、少額（税込1万円未満）の課税仕入れについて、インボイスの保存を不要とするものであり、インボイス発行事業者の交付義務が免除されているわけではありませんので注意が必要です。

♠少額特例の適用対象事業者と適用対象期間

　少額特例の対象となるのは、基準期間における課税売上高が1億円以下または特定期間における課税売上高が5千万円以下の事業者です。

　なお、特定期間における課税売上高については、Q50でご紹介した納税義務の判定における場合と異なり、課税売上高に代えて給与支払額の合計額による判定はできません。

　また、少額特例は、令和5年（2023年）10月1日から令和11年（2029年）9月30日までの期間が適用対象期間となりますので、たとえ課税期間の途中であっても令和11年（2029年）10月1日以後に行う課税仕入れについては、少額特例の対象とはなりませんので注意が必要です。

♠税込1万円未満の判定単位

　少額特例における「税込1万円未満の課税仕入れ」に該当するか否かにつ

いては、一回の取引の課税仕入れに係る金額（税込み）が１万円未満かどうかで判定するため、課税仕入れに係る一商品ごとの金額により判定するものではありません。

したがって、5,000 円の商品と 7,000 円の商品を同時に購入した場合（合計 12,000 円）には、少額特例の対象とはなりません。

♠ インボイス制度の２割特例

２割特例は、インボイス発行事業者となる小規模事業者に対する負担軽減を目的として、仕入税額控除の金額を、特別控除税額（課税標準である金額の合計額に対する消費税額から売上げに係る対価の返還等の金額に係る消費税額の合計額を控除した残額の 100 分の 80 に相当する金額）とすることで、納付税額を売上税額の実質２割とすることができるという特例制度です。

♠ ２割特例の適用対象事業者と適用対象期間

２割特例の対象となるのは、インボイス制度を機に免税事業者からインボイス発行事業者として課税事業者になった事業者です。

したがって、基準期間における課税売上高が１千万円を超えた等の理由でインボイス発行事業者の登録と関係なく事業者免税点制度の適用を受けないこととなる場合などについては、２割特例の対象とはなりません。

なお、２割特例を適用できる期間は、令和５年（2023 年）10 月１日から令和８年（2026 年）９月 30 日までの日の属する各課税期間となります。

♠ 事前届出と選択適用

２割特例の適用に当たっては、事前の届出は必要なく、消費税の申告時に消費税の確定申告書に２割特例の適用を受ける旨を付記することで適用を受けることができますので、申告時に一般課税や簡易課税といった通常の計算方式との有利不利判定を行ってから、その適用を選択することができます。

また、２割特例を適用して申告した翌課税期間において継続して２割特例を適用しなければならないといった制限もなく、課税期間ごとに２割特例を適用して申告するか否かについて判断することができます。

Q 62　中古車販売店を開業する際に必要となる手続は

Answer Point

♧古物商の許可申請は必須手続です。

♧引取業者の登録、オートオークションへの入会を行いましょう。

♧自賠責保険、オートローンの代理店契約を行いましょう。

♠中古車販売店の開業手続

　世の中には様々な業種がありますが、どんな業種であれ開業する際には必ず手続が必要となります。ここでは、新たに中古車販売店を開業する際に必要となる手続について、その概要をご紹介します。

　なお、法人を設立して会社経営として開業する際の法人設立手続および税務関連の届出手続については、Q 63とQ 64で詳しくご紹介しておりますので、そちらをご覧ください。

♠古物商許可申請

　中古車販売店を開業するには、まず古物商の営業許可を得ることが必要です。

　古物商許可は、13品目の中から取り扱う品目を選択して申請、取得する制度となっていますので、中古車販売店を開業する場合には、このうち「自動車商」を選択します。申請先は営業所を管轄する警察署となります。

　許可を受けるためには、様々な要件を満たし、必要書類を揃えなければなりません。

　また、中古自動車は取引金額も大きく、犯罪が多発する品目でもありますので、他の品目より申請者の状況等を厳しく審査される傾向にあります。

　一つひとつの手続は決して難しいものではありませんので、ご自身で手続することも十分に可能ですが、時間が取れない方や手続に自信がない方は、行政書士などの専門家に相談されることをおすすめします。

♠自動車リサイクル法引取業登録

　中古車販売店を営業していると、再販が可能な下取車だけでなく、廃車となる自動車を引き取ることもあります。

　自動車リサイクル法では、使用済自動車を引き取る「引取業」を行う場合には、営業所を管轄する都道府県知事または保健所設置市長の登録を受けることが必要となりますので、各都道府県または保健所設置市の自動車リサイクル担当窓口で登録手続を行ってください。

　もちろん、引取りをお断りすることもできますが、折角の販売機会を失ってしまう可能性もありますので、この引取業登録を行うことをおすすめします。

♠自動車リサイクルシステムへの事業者登録

　使用済自動車を引き取る場合は、パソコン等を用いた預託確認および電子マニフェストによる引取・引渡報告を行うことが必要となるため、前述の都道府県等への登録とは別に、自動車リサイクルシステムへの事業者登録を行う必要があります。詳細は、自動車リサイクルシステム事業者情報登録センターにお問い合せください。

♠オートオークションへの入会

　オートオークションとは中古車事業者が参加して取引する中古車の卸売市場で、軽自動車から輸入車まで様々な車が流通していますので、仕入の効率や在庫車両早期売却のことを考慮しますと、最低でも1つは主要なオークション会場に入会しておくことが重要となります。

　また、オートオークションには、会場に車を集めて行う現車オークションや、インターネットや衛星等を利用したオークションなど様々な形態での参加が可能です。

　なお、オークション会場によって、「古物商許可証を受けてから1年以上を経過していること」や「常設の展示場と事務所を有していること」など、様々な入会条件が設けられていますので、オートオークションへの入会手続の際には、既に入会されている同業者などに相談するとよいでしょう。

♦自賠責保険の代理店登録

中古車販売店では、中古新規で販売車両を登録する際や、継続車検を受ける際など、自賠責保険への加入手続が頻繁に登場します。

もちろん、自店で取り扱う義務はありませんが、お客様からの信用や手続の手数を考慮すると、自店で代理店登録をされることをおすすめします。

なお、自賠責保険の代理店登録を行うためには、所定の試験を受け、損害保険会社と代理店委託契約を締結する必要がありますが、新規に代理店契約を締結するには、保険会社ごとに定められた要件を満たす必要がありますので、詳しくは保険会社の担当者にご相談ください。

♠オートローンの代理店登録

取り扱う車種や価格帯にもよりますが、オートローンを活用して中古車を購入するお客様は数多く存在します。

自店でオートローンを扱えない販売店では、お客様ご自身に銀行などでローンを組んでもらう必要があり、審査や手続に時間がかかるだけでなく、成約率の低下にも繋がります。

商談中にその場で審査結果を出し、スムーズに契約を成立させることができるなど、オートローンの取扱代理店になることはメリットが大きいので、ぜひご検討ください。

保険代理店に比べて審査や手続は比較的容易となっていますので、まずは主要信販会社に問合せをされるとよいでしょう。

♠代理店報酬について

前述のとおり、自賠責保険の代理店登録とオートローンの代理店登録を推奨してきましたが、これらの代理店登録を行うことの最大のメリットは、手続の効率化と販売機会や成約率の向上であって、代理店報酬を期待するものではありません。

なお、自賠責保険については、1件当たり1,000〜2,000円程度の代理店収入にしかなりませんが、オートローンについては、契約金額や金利、期間に応じてある程度のキックバック（手数料）を期待することができます。

Q 63　法人を設立するときの手続は

Answer Point

♤中古車販売店の法人形態は株式会社がおすすめです。

♤設立は司法書士に依頼するとよいでしょう。

♤設立前の決定事項は慎重に検討しましょう。

♠株式会社と合同会社

　中古車販売店を個人事業として開業すべきか、法人として開業すべきかについては、第1章のQ8を参考にご検討いただくとして、ここでは、法人として開業する際の法人設立手続についてご紹介します。

　なお、法人には複数の種類があり、一般的に用いられる法人形態は「株式会社」と「合同会社」です。

　これら2つの法人形態は、税務上の取扱いはほぼ同じで、合同会社のほうが設立費用は安く、その後の会社手続も簡便的となります。これだけ聞くと、合同会社のほうがよいと思われがちですが、中古車販売業における法人経営の最大のメリットである「お客様に与える印象をよくして信頼性を高める」という観点からは、知名度の高い株式会社のほうが圧倒的に有利となります。

　そこで、ここでは、筆者が中古車販売店における法人形態として推奨している株式会社を例にして、その設立手続をご紹介します。

♠株式会社の設立費用と司法書士

　株式会社を設立する場合に必要となる費用は、次の内訳のとおり、資本金とは別に約25万円程度が必要となります。

① 　定款印紙代　4万円

② 　公証人手数料　5万円

③ 　定款の謄本手数料　2,000円程度

④ 　登録免許税　15万円（資本金×0.7％と15万円のいずれか大きいほう）

⑤　印鑑作成料　8,000 円程度

　これらは、自分で設立手続を行った際に必要となる費用です。仮に司法書士などに設立手続一式を依頼する場合には、ここに司法書士報酬（一般的には 4 〜 6 万円程度）が加算されます。

♠設立手続は自分で行うべきか

　設立手続を司法書士に依頼した場合には、4 〜 6 万円程度の司法書士報酬がかかることは前述のとおりですが、上記のうち「①　定款印紙代」については、定款をＰＤＦなどの電子定款にした場合には不要となる項目で、司法書士に依頼した場合には、この電子定款による作成が可能となり、司法書士報酬とほぼ同額の定款印紙代 4 万円を節約することができます。

　もちろん、電子定款をご自身で作成することもできますが、特別な機器が必要となるので、結果的に割高になる場合が多いです。

　したがって、電子定款を作成する機器を既に持っている方や、どうしてもご自身で設立手続をやってみたい方を除いて、設立手続は司法書士に任せるほうが、手数等を考慮すると得策だと思います。

♠株式会社の設立手順

　司法書士に設立手続を依頼する場合は、その司法書士の指示に従うだけで手続が完了しますが、ここでは、大まかな設立手順をご紹介します。

⑴　会社設立要綱の決定

　まず始めに行うことは、どのような会社を設立するのかを決めることです。これは司法書士に依頼するか否かに関わらず事前に決めておかないといけませんので、詳しくはこの後ご紹介します。

⑵　定款の作成と認証

　定款とは、会社の基本ルールを書面にまとめたものです。1 の会社設立要綱に基づいて定款を作成し、公証人の認証を受けます。

⑶　登記書類の作成

　株式会社の設立登記を法務局に申請するために必要な登記書類を作成します。会社の機関設計などによって登記申請に必要な書類は若干異なりますが、

ここでは、主なものをご紹介しておきます。

① 定款（上記2で公証人の認証を受けたもの）

② 資本金の払込証明書

③ 発起人の決定書

④ 就任承諾書

⑤ 印鑑証明書

⑥ 株式会社設立登記申請書

⑦ 登記すべき事項を保存したＣＤ－Ｒ（ＦＤまたは紙でも可）

⑧ 印鑑届出書　など

(4) 設立登記

登記書類の作成が完了したら、それらを法務局に提出して登記申請を行います。

なお、法務局に申請をした日が会社の設立日となりますので、記念日などと設立日を合わせたい方は、任意の日に申請書を提出してください。

提出した書類に特に不備がなければ、申請日から1週間ほどで設立登記が完了します。

♠会社設立要綱の決定事項

前述の会社を設立する際に事前に決めておくべき項目について、ここで詳しくご紹介します。

それぞれがとても大切な項目となりますので、1人で決めることが不安な場合や、どのように決めればよいかわからない場合には、ご家族や税理士とよく相談して決めるようにしてください。

(1) 商号（会社の名前）

株式会社○○、○○株式会社のどちらでも構いません。これから設立する会社の名前となりますので、名付け親になる気持ちで楽しんで決めてください。

(2) 事業目的

主たる事業は中古車販売業となりますが、損害保険の代理店業はもちろんのこと、不動産賃貸業など、将来行う可能性のある事業は、事業目的に加え

ておくとよいでしょう。

⑶ 本店所在地

いわゆる会社の本社の住所です。店舗（展示場）と同じ住所とするのが理想ですが、直ぐに移転する可能性がある場合などは、代表者の自宅を本店とするケースもあります。

⑷ 資本金

資本金とは、いわゆる元手となる資金ですが、自己資金を資本金ではなく貸付金の形で投入することもできるので、あまり見栄を張らず、100万円〜900万円程度で設定するとよいでしょう。

⑸ 株主（資本金を出す人）

株主とは、会社を設立する際に資本金を出す人のことをいいますが、将来にわたって会社の所有者になる人でもありますので、相続税対策を目的とした設立や事業承継を前提とした設立である場合には、非常に重要な項目となります。

したがって、そのような場合には、必ず税理士に相談してから株主構成を決めるようにしてください。

⑹ 役員（機関設計）

役員とは、会社の業務執行や監督を行う幹部職員のことをいいますが、中古車販売業において株式会社を設立する場合には、取締役・代表取締役を誰にするか、監査役を置くかなどを決める必要があります。

なお、今後の法人運営において、役員であることによって税務上のメリットやデメリットが生じますので、こちらも税理士に事前に相談することをおすすめします。

⑺ 事業年度（決算期）

事業年度とは、会社の経営成績や財務状態を表す決算書を作成するための年度を区切った期間をいいますが、設立時においては、会社の決算期を決定する意味合いを持ちます。

なお、事業年度は、1年以内の期間であれば任意に設定することができますので、設立日からあまり近くなり過ぎないように、かつ決算等の作業に時間を取りやすい時期にするとよいでしょう。

Q 64　中古車販売店を開業した際の税務手続は

Answer Point

♧開業または設立の届出書は必ず提出しなければなりません。

♧青色申告の承認申請書も同時に提出するようにしましょう。

♧都道府県や市区町村にも届出書の提出が必要です。

♠税務署等への届出手続

　中古車販売店を開業した際の手続については、Q 62 でご紹介したとおり
ですが、無事に中古車販売店を開業できた後には、税務署等へ所定の届け出
を行う必要があります。

　また、届出書を提出することにより、様々な税務上の優遇を受けることが
できる制度もありますので、開業後の届出手続は忘れずに行うようにしま
しょう。

♠個人で中古車販売店を開業した場合

　個人事業として中古車販売店を開業した際、必ず提出しなければならない
届出書類と出しておいたほうが得をする届出書類などについてご紹介しま
す。

　なお、個人事業の場合には、法人における登記簿謄本（登記事項証明書）
のような事業を行っていることを証明する公的な書類が存在しませんので、
銀行口座を開設する際にも、税務署で受理された届出書の提示が必要になり
ます。

⑴　個人事業の開業届出書

　納税地の所轄税務署に事業を開始したことを届け出るための届出書で、事
業開始等の日から 1 か月以内に提出しなければなりません。

⑵　所得税の青色申告承認申請書

　青色申告の承認を受ける場合に提出する申請書で、原則として、承認を受

けようとする年の3月15日まで（その年の1月16日以後に開業した場合には、開業の日から2か月以内）に納税地の所轄税務署に提出しなければなりません。

　なお、この申請書の提出は強制ではありませんが、青色申告の承認を受けることで、次のような特典がありますので、上記1の個人事業の開業届出書とあわせて提出しましょう。

① 青色申告特別控除

　所得から、適正に帳簿を作成している場合は55万円（一定の要件を満たす場合は65万円）、それ以外の場合は10万円を控除することができます。

② 青色事業専従者給与

　一定の要件を満たせば、生計同一親族への給与であっても必要経費に算入することができます。ただし、青色事業専従者として給与の支払を受ける人は、控除対象配偶者や扶養親族にはなれません。

③ 貸倒引当金

　一定の条件のもと、貸倒引当金に繰り入れた金額を必要経費にすることができます。

④ 純損失の繰越しと繰戻し

　事業所得が赤字になり、他の所得と損益通算をしてもなお控除しきれない部分の金額が生じたときには、その損失額を翌年以後3年間にわたって繰り越すことができます。また、前年も青色申告をしている場合は、純損失の繰越しに代えて、その損失額を生じた年の前年に繰り戻して、前年分の所得税の還付を受けることもできます。

⑶ 青色事業専従者給与に関する届出書

　上記⑵②の青色事業専従者給与額を必要経費に算入する場合に提出する届出書で、原則として、青色事業専従者給与額を必要経費に算入しようとする年の3月15日まで（その年の1月16日以後に開業した場合には、その日から2か月以内）に納税地の所轄税務署に提出しなければなりません。

⑷ 所得税・消費税の納税地の変更に関する届出書

　住所地に代えて事業所等の所在地等を納税地とする場合に提出する届出書で、住所地（旧納税地）を所轄する税務署とその事業所等（新納税地）を所

轄する税務署それぞれに提出します。

⑸　源泉所得税の納期の特例の承認に関する申請書

　本来、毎月納付すべき給与等から源泉徴収した所得税の納期を、年２回に
まとめて納付するという特例の適用（支給人員が常時 10 人未満である場合
に限る）を受ける場合に提出する申請書で、申請をした日の属する月の翌月
分から特例が適用されます。

⑹　事業開始届出書（事業税）

　上記⑴の税務署に提出した「個人事業の開業届出書」と同様の内容を都道
府県にも届け出る必要があります。

　各都道府県によって提出期限や届出様式は異なりますが、税務署への届出
と同様に都道府県へも届け出ることを忘れないようにしましょう。

♠法人で中古車販売店を開業した場合

　法人として中古車販売店を開業した場合においても、基本的には個人事業
の場合と同様ですが、法人の場合には定款の写しや登記簿謄本（登記事項証
明書）を添付する必要がありますので、Q 63 でご紹介した設立登記が完了
した後に次のような届出書や申請書を提出します。

⑴　法人設立届出書

　納税地の所轄税務署に法人を設立したことを届け出るための届出書で、設
立の日以後２か月以内に定款の写しや登記簿謄本（登記事項証明書）を添
付して提出しなければなりません。

⑵　青色申告の承認申請書

　青色申告の承認を受ける場合に提出する申請書で、設立の日以後３か月
を経過した日と設立第１期の事業年度終了の日とのうちいずれか早い日の前
日までに納税地の所轄税務署に提出しなければなりません。

　なお、個人事業の場合と同様に、青色申告の承認を受けることで、欠損金
の繰越控除を適用することができるなどの特典がありますので、上記⑴の法
人設立届出書とあわせて提出しましょう。

⑶　給与支払事務所等の開設届出書

　給与等の支払を行う事務所等を開設したことを届け出るための届出書で、

開設の日から1か月以内に給与支払事務所等の所在地の所轄税務署に提出しなければなりません。当面は給与を支払う予定がない場合であっても、上記1の法人設立届出書とあわせて提出しましょう。

　なお、この届出書は、個人で開業した場合には登場しませんでしたが、個人事業の場合には、「個人事業の開業届出書」を提出することによって、この届出書の提出を省略してよいことになっています。

⑷　源泉所得税の納期の特例の承認に関する申請書

　個人事業の場合と同様です。

⑸　法人設立届出書（地方税）

　上記⑴の税務署に提出した「法人設立届出書」と同様の内容を都道府県および市区町村にも届け出る必要があります。

　個人事業の場合と違い、都道府県だけでなく、市区町村にも届け出る必要がありますので、忘れないようにしましょう。

♠社会保険関連の手続

　ここでご紹介した内容は、あくまでも税務関係の届出手続のみとなります。従業員を雇用する場合や、経営者が役員報酬の支給を受ける場合などは、労働保険（雇用保険と労災保険）や健康保険・厚生年金といった社会保険への加入手続が必要となります。

　公共職業安定所、労働基準監督署、年金事務所などの窓口にお問い合わせの上、手続を行うようにしてください。

　なお、それぞれの加入義務については、次のとおりです。

⑴　雇用保険・労災保険

　従業員を雇っている場合には、その業種や規模に関係なく、加入が義務づけられています。

⑵　健康保険・厚生年金保険

　中古車販売業においては、常時5人以上の従業員を雇用する個人事業所およびすべての法人事業所に加入義務があります。

　なお、従業員を雇っていない代表者1人だけの法人事業所であっても、役員給与を支払っている場合には、加入義務があります。

Q 65　中古車販売業における節税対策は

Answer Point

♤節税のポイントは税率差の活用です。

♤所得分散と課税の繰延べの仕組みを理解しましょう。

♤自分に合った節税方法を計画的に組み合わせることが重要です。

♠中古車販売業における節税のポイント

　中古車販売業における節税のポイントは、「税率差」を活用することです。税金は、[所得（もうけ）×税率] で計算されますので、仮に中古車販売業としての営業活動から生み出される所得が同じである場合には、可能な限り低い税率で課税させることで税負担を低く抑えることができるというわけです。

　それでは、税率差の活用方法を正しく理解するために重要となる、所得と税率の関係から見てみましょう。

【図表 108　所得税の速算表】

課税される所得金額	税率	控除額
195万円以下	5%	0円
195万円を超え　330万円以下	10%	97,500円
330万円を超え　695万円以下	20%	427,500円
695万円を超え　900万円以下	23%	636,000円
900万円を超え　1,800万円以下	33%	1,536,000円
1,800万円を超え4,000万円以下	40%	2,796,000円
4,000万円超	45%	4,796,000円

　この図表 108 は、所得税の速算表と呼ばれるもので、課税される所得金額ごとに適用される所得税率が示されています。

　所得税は、課税される所得金額が大きくなると、その分だけ税率も高くな

る累進課税制度が採用されていて、所得が大きければ大きいほど、高い税率が適用される仕組みなのです。

ただし、この計算は、所得が大きくなるとすべてにその税率が適用されるというわけではなく、低い税率から段階的に税額を計算して足し合わせていく仕組みとなっています。

したがって、例えば、課税される所得金額が350万円の場合には、次のように所得税額が計算されます。

① 195万円 × 5% = 97,500円

② （330万円－195万円）× 10% = 135,000円

③ （350万円－330万円）× 20% = 40,000円

④ ① + ② + ③ = 272,500円

これを速算表にしたものが、図表108で、同じ例で所得税額を計算しますと、[350万円 × 20% － 427,500円 = 272,500円] と、先ほどの計算と同じ結果となります。

なお、所得税は、個人の所得に対して課される税金ですが、法人の所得に対して課される法人税や法人事業税なども、軽減税率などの適用により、所得金額に応じて累進的に課税される仕組みとなっています。

♠所得分散による税率差の活用

税率差の活用方法として最も一般的な方法は、「所得分散」です。所得分散とは、その名のとおり所得を分散させることをいいますが、例えば、個人で中古車販売店を経営する方の課税される所得が1,000万円であった場合には、先ほどの図表108に当てはめますと、最高で33%の税率が適用されてしまいます。

これを500万円ずつ夫婦2人に分散させることができれば、それぞれに適用される最高税率は20%となり、夫婦合わせての税負担を低く抑えることができる訳です。このような、課税の対象となる頭数を増やして、累進税率を低く適用させる方法を「所得分散による税率差の活用」といいます。

なお、所得の分散先は、必ずしも配偶者などの親族（個人）である必要はなく、法人も所得分散先となり得ます。つまり、よく耳にする「法人化によ

る節税」も「所得分散による税率差の活用」の一例なのです。

♠課税の繰延べによる税率差の活用

　課税の繰延べとは、本来課税されるべき所得について、今課税されると高い税率が適用されてしまうので、様々な節税手法を使って、税率が低くなると見込まれる時期までその所得を先送りすることをいいます。

　また、課税時期をずらすことで、対策を立てやすくもなりますので、単なる繰延べではなく、無税化させることも可能です。

　Q 66 の中でご紹介している生命保険の活用なども、「課税の繰延べによる税率差の活用」を利用した節税手法の1つです。

♠中古車販売業に有効な節税手法の具体例

　中古車販売業における節税のポイントとして税率差の活用方法を2つご紹介しましたが、これ以外にも「正しく経費を増やす方法」や「特例制度や優遇制度を活用する方法」など、様々な節税手法が存在します。

　ここでは、筆者が中古車販売店における節税手法として有効であると考える項目をいくつか挙げますが、中古車販売店における節税については、数ある節税対策のうち、自店の現状や経営方針にあった方法を計画的に組み合わせて行うことが重要となりますので、ここに挙げる内容は、あくまでも一例であることをご理解の上、参考にしてください。

(1)　**個人経営における節税の具体例**

①　小規模企業共済への加入による所得控除を利用した節税

②　65 万円の青色申告特別控除の適用による節税

③　青色事業専従者給与よる所得分散と給与所得控除額の有効活用による節税

④　家事関連費から事業関連部分を区分することによる節税

(2)　**法人経営における節税の具体例**

①　役員報酬による所得分散と給与所得控除額の有効活用による節税

②　生命保険と役員退職金を組み合わせた課税の繰延べによる節税

③　役員社宅制度の活用による節税

④　短期前払費用の活用による節税

Q 66　法人経営における中古車販売業の保険活用は

Answer Point

♤業績の波は生命保険の活用で平準化できます。

♤生命保険には様々な効果があります。

♤生命保険導入のポイントを押さえましょう。

♠中古車販売業と生命保険の活用

　中古車販売業という業種は、不動産賃貸業のように毎年一定の売上高や利益が計上されるわけではなく、年度によってその売上高や利益に波が生じます。そして、この波を利益面と資金面の両方から吸収して平準化するためには、生命保険を上手く活用することをおすすめします。

　なお、個人経営の場合には、生命保険料が事業経費にはならず、生命保険料控除として所得控除が適用される仕組みとなっているため、ここでご紹介する内容は、法人経営に限ったお話となることにご注意ください。

♠生命保険の効果

　生命保険に加入する目的は、万が一のことがあった際に生命保険金を受け取るために他なりませんが、法人経営である中古車販売業者が生命保険を正しく活用することで、次のような様々な効果を生むことができます。

(1)　課税の繰延べによる節税効果

　支払った保険料と保険契約を解約した際に受け取る解約返戻金は、そのうち一定部分が、その支払時の費用になり、受取時の収益になります。

　つまり、支払年度の税負担が軽減され、解約年度まで課税が繰り延べられますので、節税効果が生まれます。

　また、解約返戻金を役員退職金や新規出店費用などと相殺することにより、繰り延べた税金を無税化することも可能です。

　なお、保険商品によって、保険料が費用になる割合は様々ですが、費用性

や解約返戻率とのバランスを考慮し、長期平準定期保険を軸として、役員の退職や設備投資のタイミングなども加味した複数の保険商品を組み合わせて活用する方法が一般的です。

(2) 資金準備効果・資産運用効果

生命保険は、役員退職金の支払や臨時的な経費の支払など、将来に備えた資金準備としても有効に活用することができます。

また、解約時期などを工夫することにより、高水準の実質返戻率を実現させることも可能となりますので、資産運用としての効果も生じます。

(3) 生命保険として本来の効果

被保険者である代表者に万一のことがあった場合には、法人に対して生命保険金が支払われますので、当面の店舗運営資金や遺族への弔慰金の支払に充てることができるなど、生命保険が持つ本来の効果も当然あります。

(4) 相続対策としての効果

詳しい説明は割愛しますが、生命保険は、経営者ご自身の相続や事業承継対策としても有効に活用することができます。

♠生命保険導入のポイント

生命保険を導入する際には、販売店ごとの経営状況や経営方針（安定経営、拡大思考など）、そして代表者の年齢や家族構成など、様々な要素を加味して慎重にプランニングを進めることが重要です。

ここでは、生命保険を導入する際に、ぜひ押さえておきたい３つのポイントについてご紹介します。

(1) 決算時に複数の契約に分散して加入すること

業績の変動が多い中古車販売業においては、一度導入した生命保険契約であっても、これらを決算ごとに見直すことが重要になります。

分散加入には、もちろんリスクヘッジ効果もありますが、生命保険独自の取扱いや税金のルールを有効に活用した対策を採りやすい体制にしておくことこそが、決算時導入と分散加入の一番の目的となります。

また、複数の保険契約に分散して加入することにより、保険契約ごとに返戻率のピーク時期をずらすことも可能となり、将来の不確定要素に対するリ

スク軽減にも繋がります。

⑵ ピーク時の返戻率だけを見ず、導入直後の返戻率も重視すること

　比較的安定した経営が可能な不動産賃貸業などでは、ピーク時の返戻率を重視して保険内容を決めるとよいのですが、中古車販売業においては、業績の波が大きく、ピーク時に解約を予定していた保険契約を、早期に解約せざるを得ない事態も想定しておく必要があります。

　そこで、保険内容を決める際には、ピーク時の返戻率だけでなく、契約して間もない期間の返戻率の立上がりも確認するようにしてください。

　例えば、図表109では、ピーク時の返戻率こそ保険Bのほうが高くなっていますが、返戻率の立上がりを重視する場合には、保険Aを選択することをおすすめします。

【図表109　解約返戻率の比較表 】

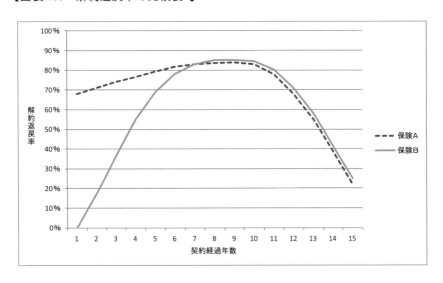

3　契約者貸付制度による資金調達機能を確保すること

　生命保険契約には、解約返戻金の所定の範囲内で、保険会社から資金を借り入れることができる「契約者貸付」という制度があります。

　中古車販売業においては、突発的な資金調達が必要になることがありますので、契約者貸付制度による資金調達機能を確保しておきましょう。

Q67　中古車販売店が支払う紹介料の税務上の取扱いは

Answer Point

♤紹介料は原則として経費になります。

♤紹介料は税務調査で争点となることが多い項目です。

♤紹介料は一定の基準に従って支払いましょう。

♠中古車販売店と紹介料

　中古車販売店における売上というのは、もちろん中古車情報誌やネット集客による販売がメインとなりますが、親族や既存顧客からの紹介による販売も非常に多いのが特徴です。販売促進の一環として「お友達紹介キャンペーン」と銘打って、様々な特典を用意して集客することは、中古車販売店に限らず、今やどの業界でも行われていることです。

　ここでは、中古車販売店が紹介者に対して「紹介料」を支払った場合における税務上の取扱いについて解説していきます。

♠支払う相手先による違い

　紹介を受けたお客様との契約が成立した際に、その紹介者に支払う「紹介料」については、同じ「紹介料」という名目であっても、支払う相手先によって次のように税務上の取り扱いが異なります。

(1)　情報提供や紹介を商売として行っている業者に支払った場合

　中古車販売業界では、不動産業界のように媒介専門業者というのは事例として少ないですが、クラシックカーなどの特殊な車種を専門に扱う販売店などは、同業者間のネットワークにより相互に紹介をし、所定の紹介料を支払う商慣行もあるようです。

　このような場合には、商売として行っている業者への支払いであり、先方にとっても売上高になるものですので、「支払手数料」や「支払紹介料」といった費用処理が認められます。

(2)　友人や知人に支払った場合

　紹介を商売として行っている業者ではなく、友人や知人などに対して「紹介してくれてありがとう」という意味合いで支払う紹介料については、いわゆる「お付合いの一環」と考えられるため、原則として「接待交際費」となります。

　なお、その紹介料が、提携先の整備工場等への支払いであったとしても、この整備工場等は、紹介を商売として行っている業者ではありませんので、友人や知人への支払いと同様の取扱いとなります。

◆接待交際費の税務上の取扱い

　接待交際費の税務上の取扱いは、法人の場合と個人事業主の場合で異なりますが、いずれにおいても、損金性の低い厳しい取扱いにはなっていません。

　ただし、紹介料に限らず、接待交際費として処理している項目は、税務調査において厳しくチェックを受けることになるので、領収書や相手先の記録をきちんと残すなどの注意が必要です。

(1)　法人における接待交際費の税務上の取扱い

　中小法人（資本金1億円以下の法人）については、原則として、年間800万円までは、税金を計算するうえでの費用として認められています。

(2)　個人事業主における接待交際費の税務上の取扱い

　個人事業主の場合は、法人のように上限は設けられていませんので、事業に関連する接待交際費であれば、全額が費用となります。

◆税務調査への対応策

　前述のとおり、法人であっても、個人事業主であっても、大会社や年間800万円を超える交際費支出がある場合を除いて、紹介料が接待交際費として取り扱われることによる税務上のデメリットはほとんどありません。

　しかし、中古車販売業における紹介料という項目は、事業関連性や金額の妥当性という観点から税務調査において、必ずといっていいほど争点となりますので、この後ご紹介する紹介料の運用ポイントをご参考いただき、その支払方法には一定のルールを設けておくとよいでしょう。

♠中古車販売店における紹介料の運用ポイント

中古車販売店が紹介者に対して支払う紹介料について、税務の観点から、その運用において重要となる2つのポイントをご説明します。

⑴　紹介料を支払う契約をする

契約というと大げさなイメージを持つ方もいらっしゃいますが、販売店側が一方的に支払ったのではなく、支払側（販売店）と受取側（紹介者）がお互いに納得した上で、紹介料の収受があったことを記録に残すことができれば十分です。

実務においては、堅苦しい契約書ではなく、簡易的な様式の「確認書」に紹介者の方の署名を貰うことで対応する場合が多いです。

⑵　紹介料の支払金額の基準を予め定めておく

紹介料に関する税務調査において、指摘を受ける項目として圧倒的に多いのは、金額の妥当性の論点です。

例えば、紹介者であるAさんには紹介料として1万円が、同じく紹介者であるBさんには紹介料として10万円が支払われていたとします。この場合、Bさんのほうが高額であることに対して指摘を受けるわけではなく、AさんBさんともに、所定の基準に応じて支払われているか否か争点となります。

この販売店において、紹介料は、「成約金額の2％」という基準が定められていて、Aさんが紹介してくれたお客様が50万円の中古車を成約して、Bさんが紹介してくれたお客様が500万円の中古車を成約した場合には、Aさんに対しては、［50万円 × 2％ ＝ 1万円］の紹介料を、Bさんに対しては、［500万円 × 2％ ＝ 10万円］の紹介料をそれぞれ支払うことは適正であるといえます。

しかし、「紹介1件につき1万円」という基準が定められているにもかかわらず、Bさんにだけ10万円を支払っている場合には、税務否認を受ける結果となるでしょう。

税務調査を円滑に乗り切るためには、紹介料を支払うこと、そしてその金額について、根拠資料に基づき「いかに説明できるか」がポイントとなりますので、紹介料の取扱いルールに関する整備を進めるようにしてください。

Q 68　中古車を購入した事業者側の処理は

Answer Point

♤事業者が買った業務用車両は減価償却資産となります。

♤費用として「落とせる」項目を押さえましょう。

♤自賠責保険料は全額費用処理が認められています。

♠中古車販売店と事業者顧客

　中古車販売店が車を販売する場合において、その購入者が自家用車として使用するケースと、営業車などの業務用車両として使用するケースがありますが、販売店側ではどちらのケースであっても、行うべき経理処理は全く同じとなります。

　しかし、中古車販売店としてお客様に車を販売する上で、購入者が事業者であった場合の購入者側における経理処理については、お客様から質問を受けることや、セールストークに活用する術もありますので、最低限のことは知っておくべきであると筆者は考えます。

　そこで、ここでは業務用車両として中古車を購入した側の処理についてご紹介します。

♠中古車と減価償却資産

　中古車販売店が車両を仕入れた際には、棚卸資産として取り扱いますが、一般の事業者が業務用車両として中古車を購入した場合には、それは減価償却資産に該当し、税務上の取扱いも減価償却資産の規定が適用されることになります。

♠減価償却資産の取得価額

　業務用車両を購入する事業者であるお客様が最も関心があること、それは「落とせるか」ということです。「落とせるか」とは、経費で落とせるか、つ

まり、費用で処理できるかという意味で使われる言葉です。

　これに対して、販売店として適正に回答するためには、減価償却資産として計上しなければならない項目について正しく理解することが必要です。逆の見方をすれば、減価償却資産として計上する必要がない項目は、費用で処理することができる、いわゆる「落とせる」ということです。

【図表110　減価償却資産の取得価額】

＜減価償却資産の取得価額＞

　購入した減価償却資産の取得価額は、次に掲げる金額の合計額とする。

(1)　当該資産の購入の代価（引取運賃、荷役費、運送保険料、購入手数料、関税その他当該資産の購入のために要した費用がある場合には、その費用の額を加算した金額）

(2)　当該資産を事業の用に供するために直接要した費用の額

（法人税法施行令第54条より抜粋）

　ここに書かれているとおり、購入代価に購入費用と事業で使うために要した費用を加算した金額が、減価償却資産の取得価額となります。

　そして次に、取得価額として処理しないことも選択できる項目が例示されている規定をご紹介します。

【図表111　固定資産の取得価額に算入しないことができる費用の例示】

＜固定資産の取得価額に算入しないことができる費用の例示＞

　次に掲げるような費用の額は、たとえ固定資産の取得に関連して支出するものであっても、これを固定資産の取得価額に算入しないことができる。

(1)　次に掲げるような租税公課等の額

　イ　不動産取得税又は環境性能割（仮）

　ロ　省略

　ハ　省略

　ニ　登録免許税その他登記又は登録のために要する費用

(2)　および(3)　省略

（法基通7−3−3の2より抜粋）

この規定に例示されている項目を中古車購入時に当てはめますと、登録などにかかるいわゆる「諸費用」は、費用処理を選択することもできることになります。

♠購入者の経理処理

これまでご紹介してきた内容に基づいて、業務用車両を購入した事業者側の経理処理を項目ごとに整理したものが、図表112となります。

【図表112　業務用車両を購入した事業者側の処理一覧】

取扱別グループ	項目	勘定科目
減価償却資産になるもの	車両本体価格	車両運搬具
	付属品	
	整備点検費用	
	納車費用	
費用処理が選択できるもの	環境性能割	租税公課
	検査登録費用	支払手数料 （印紙代等は「租税公課」）
	車庫証明費用	
費用処理となるもの	自動車税	租税公課
	自動車重量税	
	自賠責保険料	支払保険料
その他のもの	リサイクル預託金	預け金 （または「預託金」）

販売諸費用のうち「納車費用」だけは、減価償却資産に含める必要があります。非常に誤りが多い点となりますので、注意が必要です。

♠自賠責保険料と前払費用

自賠責保険料は、車検などの際に2年分（新車時は3年分）を前払いすることになるので、原則的には、未経過期間に対応する保険料は前払処理が必要となります。

しかし、強制加入であること、加入しなければ車検を受けることができないこと、そして保険契約期間が短く保険料も少額であることなどから、実務事情を考慮し、税務においても支払時にその全額を費用処理することが容認

されています。

♠自動車税と自賠責保険料の未経過分相当額

　これまで、何度も「自動車税と自賠責保険料の未経過分相当額については、車両代金の一部として取り扱う」ということをご説明してきましたが、これは、業務用車両を購入した事業者側においても同じ取扱いになります。

　つまり、車検残のある車両を購入した際などに支払う自動車税と自賠責保険料の未経過分相当額は、購入者側においても、車両代金の一部として減価償却資産の取得価額に加算すべきものとなります。

♠減価償却による費用化と耐用年数

　業務用車両を購入する事業者の関心事は、「落とせるか」であるということは前述のとおりですが、この「落とす」には、「購入時に費用として落とす」という意味以外に、もう１つの意味合いが含まれています。

　それは、「耐用年数に応じて減価償却費として費用に落とす」という意味です。そして、耐用年数が短ければ短いほど、早期に落とす（費用化する）ことができますので、中古で業務用車両を購入する事業者にとって、適用される耐用年数は何年なのかということも、関心事の１つとなります。

♠中古資産の耐用年数

　業務用車両の法定耐用年数は、特殊なものを除いて、普通車が６年、軽自動車が４年と定められています。しかし、これらは新車購入時に適用されるものであって、中古車の場合には、通常、次の計算式で計算した簡便法による使用可能期間を適用して減価償却費の計算を行います。

　［算式］法定耐用年数 － 経過年数 ＋ 経過年数 × 20%

　なお、既に法定耐用年数の全部を経過している場合の計算式は、［法定耐用年数 × 20%］となります。そして、これらの計算による算出年数に１年未満の端数があるときは、その端数を切り捨て、その年数が２年に満たない場合には２年を適用します。

Q 69　中古車販売業における残債の取扱いは

Answer Point

♤「残債未払金」の科目を使用しましょう。

♤「下取り」も「買取り」も考え方は同じです。

♤「残債未払金」の科目を使わない方法も選択できます。

♠中古車販売業における残債

　残債とは、ローン返済中のある時点において、まだ返済していない残額（元金）のことをいいますが、自動車販売の場合には、クレジット契約で購入した車両で、自動車ディーラーやクレジット会社の所有権が留保されている状態における残りの債務を指すのが一般的です。

♠残債車両はビジネスチャンス

　お客様から残債がある車両の下取りや買取りの相談を受けることがあると思いますが、このような場合、「もし下取りや買取りが可能であれば、車を買い換えたい」と希望されるケースが多く、中古車販売店にとっては、このうえないビジネスチャンスといえます。

　また、クレジット会社への残一括代金照会、実際の返済、そして所有権解除までを販売店で代行することで、お客様に負担をかけることなくスムーズに商談をすすめることができます。

♠残債のある車両を下取りした場合の経理処理

　残債のある車両を下取りした場合、お客様に代わって、下取代金から残債務を一括返済する形となりますが、その場合は「残債未払金」という勘定科目を使って経理処理する方法が一般的です。

⑴　下取代金より残債が少ない場合

　下取代金よりも残債が少ない場合には、その差額は、車両販売代金に充当

され、車両販売代金から当該充当金額を差し引いた金額をお客様に支払っていただくことになります。

【図表113　設例1】

> 　お客様に車両販売代金100（諸費用を含む）の中古車を販売した際、査定額50で下取りを行った。
> 　なお、この下取車には30の残債があった。

　この設例では、お客様に支払って頂く金額は、[100 − (50 − 30) = 80] となり、販売時の具体的な仕訳例（諸費用、リサイクル預託金等については考慮しないものとする。以下、Q 69において同じ。）は、図表114のようになります。

【図表114　下取代金より残債が少ない場合の販売時の仕訳例】

日付	借　方		貸　方		摘　要
一	車販売掛金	100	車両売上高	100	車両売上
	車両仕入高	50	残債未払金	30	下取仕入（残債あり）
			車販売掛金	20	下取代金と残債の差額
	借方合計	150	貸方合計	150	

残高試算表（貸借対照表）

勘定科目	前期繰越	期間借方	期間貸方	当期残高
車 販 売 掛 金	0	100	20	80
残 債 未 払 金	0		30	30

残高試算表（損益計算書）

勘定科目	前期繰越	期間借方	期間貸方	当期残高
車 両 売 上 高	0		100	100
車 両 仕 入 高	0	50		50

　そして、お客様から、下取代金と残債の差額を充当した後の車両販売代金80が入金された際の具体的な仕訳例は、図表115のようになります。

【図表115　下取代金より残債が少ない場合の入金時の仕訳例】

日付	借　方		貸　方		摘　要
―	現金	80	車販売掛金	80	車両代金
	借方合計	80	貸方合計	80	

残高試算表（貸借対照表）

勘定科目	前期繰越	期間借方	期間貸方	当期残高
現　　　金	0	80		80
車 販 売 掛 金	80		80	0
残 債 未 払 金	30			30

　最後に、クレジット会社に残債を一括返済した際の具体的な仕訳例は、図表116のようになります。

【図表116　下取代金より残債が少ない場合の残一括時の仕訳例】

日付	借　方		貸　方		摘　要
―	残債未払金	30	現金	30	残債一括返済
	借方合計	30	貸方合計	30	

残高試算表（貸借対照表）

勘定科目	前期繰越	期間借方	期間貸方	当期残高
現　　　金	80		30	50
車 販 売 掛 金	0			0
残 債 未 払 金	30	30		0

　一連の取引により、最終的に、損益計算書では、車両販売代金100が「車両売上高」として、下取車の査定額50が「車両仕入高」として計上され、貸借対照表では、「車販売掛金」と「残債未払金」の残高が0となり、「車両売上高」と「車両仕入高」との差額である50が、現金として残ります。

⑵　下取代金より残債が多い場合

　下取代金よりも残債が多い場合には、その差額は、車両販売代金に上乗せされ、車両販売代金と当該上乗せ金額を合計した金額をお客様に支払っていただくことになります。

【図表117　設例2】

> お客様に車両販売代金100（諸費用を含む）の中古車を販売した際、
> 査定額50で下取りを行った。
> なお、この下取車には60の残債があった。

この設例では、下取車の査定額50を上回る残債60があるため、お客様
には車両販売代金100に加えて、残債額が査定額を上回った [60 － 50 ＝
10] を支払っていただく必要があります。

さきほどの設例1と比較すると、お客様の支払金額に違いはありますが、
経理処理の考え方は同じで、販売時の具体的な仕訳例は、図表118のよう
になります。

【図表118　下取代金より残債が多い場合の販売時の仕訳例】

日付	借　方		貸　方		摘　要
－	車販売掛金	100	車両売上高	100	車両売上
	車両仕入高	50	残債未払金	60	下取仕入（残債あり）
	車販売掛金	10			下取代金と残債の差額
	借方合計	160	貸方合計	160	

残高試算表（貸借対照表）

勘定科目	前期繰越	期間借方	期間貸方	当期残高
車販売掛金	0	110		110
残債未払金	0		60	60

残高試算表（損益計算書）

勘定科目	前期繰越	期間借方	期間貸方	当期残高
車両売上高	0		100	100
車両仕入高	0	50		50

そして、お客様から、残債額が査定額を上回った金額を加えた車両販売代
金110が入金された際の具体的な仕訳例は、図表119のようになります。

【図表119　下取代金より残債が多い場合の入金時の仕訳例】

日付	借　　方		貸　　方		摘　　要
－	現金	110	車販売掛金	110	車両代金
	借方合計	110	貸方合計	110	

残高試算表（貸借対照表）

勘定科目	前期繰越	期間借方	期間貸方	当期残高
現　　　　金	0	110		110
車 販 売 掛 金	110		110	0
-------	-------	-------	-------	-------
残 債 未 払 金	60			60

　最後に、クレジット会社に残債を一括返済した際の具体的な仕訳例は、図表120のようになります。

【図表120　下取代金より残債が多い場合の残一括時の仕訳例】

日付	借　　方		貸　　方		摘　　要
－	残債未払金	60	現金	60	残債一括返済
	借方合計	60	貸方合計	60	

残高試算表（貸借対照表）

勘定科目	前期繰越	期間借方	期間貸方	当期残高
現　　　　金	110		60	50
車 販 売 掛 金	0			0
-------	-------	-------	-------	-------
残 債 未 払 金	60	60		0

　一連の取引により、最終的には、さきほどの設例1と全く同じ残高試算表となります。

◆残債のある車両を買取りした場合の経理処理

　Q38でご紹介したとおり、中古車の下取りというのは、「販売と同時に行う買取り」であり、残債がある場合でも「下取り」と「買取り」の経理処理は、ほとんど同じです。

　例えば、設例1の「査定額50、残債額30」という車両を買い取った場合

には、お客様に支払う買取代金は、[50 − 30 = 20] となり、買取時の具体的な仕訳例は、図表 121 のようになります。

【図表 121　買取代金より残債が少ない場合の買取時の仕訳例】

日付	借　方		貸　方		摘　要
−	車両仕入高	50	残債未払金	30	買取仕入（残債あり）
			現金	20	買取代金と残債の差額
	借方合計	50	貸方合計	50	

　また、設例 2 の「査定額 50、残債額 60」という車両を買い取った場合には、残債額が査定額を上回った [60 − 50 = 10] を支払って頂くこととなり、買取時の具体的な仕訳例は、図表 122 のようになります。

【図表 122　買取代金より残債が多い場合の買取時の仕訳例】

日付	借　方		貸　方		摘　要
−	車両仕入高	50	残債未払金	60	買取仕入（残債あり）
	現金	10			買取代金と残債の差額
	借方合計	60	貸方合計	60	

♦残債未払金を使用しない経理処理

　残債のある車両を下取りした際に、これまでの仕訳例にある「残債未払金」を全て「車販売掛金」に置き換えて処理する方法も選択できます。この場合、例えば設例 1 のケースでは、お客さまからの入金時に一時的に「車販売掛金」がマイナス残高（▲30）となりますが、残一括後には、図表 123 のように、「残債未払金」を使用した処理と同じ残高となります。

【図表 123　残債未払金を使用しない場合の仕訳例（設例 1　残一括時）】

日付	借　方		貸　方		摘　要
−	車販売掛金	30	現金	30	残債一括返済
	借方合計	30	貸方合計	30	

残高試算表（貸借対照表）

勘定科目	前期繰越	期間借方	期間貸方	当期残高
現　　　金	80		30	50
車 販 売 掛 金	▲ 30	30		0

Q 70　中古車販売業における生命保険の具体的な運用方法と経理処理は

Answer Point

♤経営者の長期平準定期保険から導入しましょう。

♤福利厚生プランとして養老保険を導入しましょう。

♤保険商品ごとの保険料損金割合を押さえましょう。

♠中古車販売店が導入すべき保険商品

　法人経営における中古車販売業の保険活用の効果や導入ポイントについてはＱ 66 でご紹介したとおりですが、具体的には「長期平準定期保険」「逓増定期保険」「養老保険」といった保険商品から自社に適した保険商品を組み合わせて運用を行う方法が一般的です。

　なお、事業が軌道に乗って経営基盤が安定してきた中古車販売店は、まず経営者を被保険者とする「長期平準定期保険」を、次に役員・従業員を被保険者とする「養老保険」の導入を検討するとよいでしょう。

♠長期平準定期保険の導入目的

　長期平準定期保険は、通常の平準定期保険よりも保険期間が長いことが特徴であり、保険料の負担を抑えて長期的な保障を得ることができるため、経営者に万が一のことが起こった際の保障を確保しつつ、経営者の退職金原資の資金準備を行うことができる保険商品です。

　また、業績不振や自然災害などによって会社が危機に陥った際の資金準備としての役割も担うことから、安定的な経営を継続するうえでは、必要不可欠な保険商品といえます。

♠長期平準定期保険の経理処理

　法人経営における生命保険の経理処理については、税務上の取り扱いに準じて損金経理または資産計上を行うこととなります。

なお、定期保険に関する税務上の取り扱いについては、令和元年6月に法人税基本通達が改正されており、その保険商品の種類ではなく「最高解約返戻率」を基準として、実際に支払う保険料のうち「資産計上すべき割合」が示されています。

【図表124　最高解約返戻率別の資産計上期間および資産計上割合】

最高解約返戻率	資産計上期間	資産計上額	取崩期間
50%以下	なし	なし	なし
50%超70%以下	保険期間の当初4割相当の期間	当期支払保険料の40%	保険期間の7.5割相当期間経過後から、保険期間の終了の日まで
70%超85%以下		当期支払保険料の60%	
85%超	保険期間の開始日から、次の①と②のいずれか長い期間まで ① 最高解約返戻率となる期間 ② ①の期間経過後の各期間で、 「（当年の解約返戻金相当額−前年の解約返戻金相当額）÷年換算保険料相当額」 が70%を超える期間 (注)上記の資産計上期間が5年未満となる場合には5年間、保険期間が10年未満の場合には、当初5割相当の期間	［保険期間の当初10年間］ 当期支払保険料 ×最高解約返戻率の90% ［保険期間の11年目以降］ 当期支払保険料 ×最高解約返戻率の70%	解約返戻金相当額が最も高い金額となる期間経過後から、保険期間の終了の日まで （資産計上期間が表中の(注)に該当する場合には、その資産計上期間経過後から、保険期間終了の日まで）

　つまり、図表124において「資産計上額」として示されている割合を除いた残りの部分が損金算入される金額となり、例えば最高解約返戻率が85%、保険期間が60年、年間保険料が100の保険契約の場合、具体的な仕訳例は図表125のようになります。

【図表125　長期平準定期保険の仕訳例】

(1)保険期間の当初4割相当の期間(1〜24年目)

日付	借　　方		貸　　方		摘　　要
－	長期前払費用	60	現金	100	資産計上部分 60%
	支払保険料	40			損金算入部分 40%

(2)保険期間の4割相当経過後から7.5割相当の期間(25〜45年目)

日付	借　　方		貸　　方		摘　　要
－	支払保険料	100	現金	100	全額損金算入

(3)保険期間の7.5割相当経過後から保険期間終了まで(46〜60年目)

日付	借　　方		貸　　方		摘　　要
－	支払保険料	100	現金	100	全額損金算入
	支払保険料	96	長期前払費用	96	資産計上部分取崩

　当初4割期間は支払保険料の40%が、その後はその全額が損金に算入され、さらに7.5割経過後の期間は当初4割期間で資産計上された部分が残存

期間に応じて均等に取り崩されるため、支払保険料 100 に加えて、取崩額である 96[資産計上額 60 × 24 年（当初 4 割期間）÷ 15 年（7.5 割経過後期間）] が損金に算入されます。

【図表126　支払保険料の損金算入イメージ図】

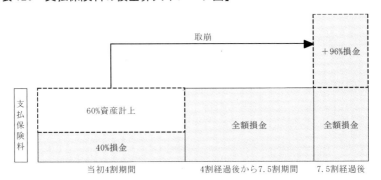

♠長期平準定期保険の運用ポイント

　　長期平準定期保険を導入する 1 番の目的は、前述のとおり、経営者の死亡保障確保と退職金原資や不測の事態に陥った際に必要となる資金を準備することです。そのため、解約返戻金と損金性のバランスを考慮し、最高解約返戻率が 85% になるように設計された保険商品を選ぶとよいでしょう。

【図表127　長期平準定期保険の解約返戻シミュレーション】

経過年数	年齢	①保険料累計	②解約返戻金	単純返戻率 （②÷①）	損金算入累計	実質返戻率 （実効税率33%）
1年	38歳	100	60	60.2%	40	73.2%
5年	42歳	500	411	82.2%	200	95.4%
10年	47歳	1,000	849	85.0%	400	98.1%
15年	52歳	1,500	1,271	84.7%	600	97.9%
20年	57歳	2,000	1,688	84.4%	800	97.6%
25年	62歳	2,500	2,093	83.7%	1,060	97.7%
30年	67歳	3,000	2,481	82.7%	1,560	99.9%
35年	72歳	3,500	2,849	81.4%	2,060	100.8%
40年	77歳	4,000	3,172	79.3%	2,560	100.4%
45年	82歳	4,500	3,407	75.7%	3,060	98.2%
50年	87歳	5,000	3,455	69.1%	4,040	95.8%
55年	92歳	5,500	3,025	55.0%	5,020	85.1%
60年	97歳	6,000	0	0.0%	6,000	33.0%

　　図表 127 は、先ほどの仕訳例の長期平準定期保険に 37 歳で加入した場

合の解約返戻率をシミュレーションしたものです。最高解約返戻率（単純返戻率）は10年目の85％をピークとして徐々に減少していきますので、退職予定時期まで高い返戻率を維持することはできていません。

　しかし、保険料が損金算入されることにより法人税等が減少する効果（実効税率を33％と仮定）を加味した実質返戻率は、長きにわたって高い水準を維持しています。もちろん加入時の年齢や退職予定時期にも左右されますが、長期平準定期保険を活用することで、長期間にわたる死亡保障の確保と将来の資金準備を効果的に行うことができます。

♠養老保険の導入目的

　養老保険は、保険期間中に死亡した場合の死亡保障に加えて、保険期間終了時に生存していた場合には、生存（満期）保険金を受け取ることができるため、保障と貯蓄の両方を目的として活用することができる保険商品です。

　法人経営において養老保険を導入する際は、被保険者を役員・従業員、死亡保険金の受取人を役員・従業員の遺族、満期保険金の受取人を法人とすることで、福利厚生（役員・従業員の死亡保障）を充実させながら貯蓄を行うことができます。

♠養老保険の経理処理

　法人経営における養老保険に関する税務上の取り扱いについては、死亡保険金と満期保険金の受取人が誰かによって異なります。

【図表128　受取人の違いによる養老保険の税務上の取り扱い】

被保険者	受取人		保険料の取り扱い
	死亡保険金	満期保険金	
役員・従業員	法人	法人	「保険積立金」として資産計上
役員・従業員	役員・従業員の遺族	役員・従業員	「役員報酬・給与」として損金経理 （役員・従業員側で給与課税）
役員・従業員	役員・従業員の遺族	法人	2分の1を「保険積立金」として資産計上、 2分の1を「支払保険料」として損金経理

　福利厚生プランで死亡保険金の受取人を役員・従業員の遺族、満期保険金の受取人を法人として養老保険を導入する場合には、図表128のとおり、支払った保険料の2分の1が損金となります。

♠養老保険の運用ポイント

⑴ 加入時の対応（普遍的加入）

　福利厚生プランとして養老保険を導入する際には、役員・従業員側で給与課税されないよう配慮することが重要となります。具体的には、加入対象者が役員や特定の従業員に限定されている場合には、損金経理部分が給与課税されてしまうため、すべての役員・従業員を加入対象とした「普遍的加入」が求められます。

　なお、加入対象とする役員・従業員について、加入資格の有無や保険金額などに格差が設けられている場合であっても、それが職種、年齢、勤続年数などに応ずる合理的な基準によっている場合には問題はありません。

　ただし、役員・従業員の全部または大部分が同族関係者である法人については、たとえその役員・従業員の全てを加入対象とする場合であっても、その同族関係者である役員・従業員については、損金経理部分が給与課税されてしまうため、注意が必要です。

⑵ 満期時の対応（年金受取形式）

　養老保険の保険期間は、返戻率の上昇時期や役員・従業員の退職可能性などを考慮し、10年間で加入することが一般的です。

　しかし、解約時の益金（解約返戻金と累計資産計上額との差額）を役員退職金などの損金で相殺することが見込まれる長期平準定期保険と違い、養老保険の場合には10年後の満期時の益金（満期保険金と累計資産計上額との差額）を相殺することが困難です。このような場合、満期保険金の受け取りを、分割受取（年金受取）とすることで、満期時の益金を分割計上することができるため、柔軟な税金対策が可能となります。

⑶ 従業員早期退職時の対応（払済保険）

　養老保険は、経営者を被保険者とする長期平準定期保険と違い、従業員も被保険者となるため、従業員が加入後間もなく退職した場合には、養老保険を返戻率が低いタイミングで解約せざるを得ないというリスクが伴います。

　しかし、そのような場合には、養老保険を解約せずに「払済保険」とすることで、保険料の支払いを停止した状態でも、加入時と同じ予定利率での運用が継続され解約返戻金額を増やし続けることができます。

Q71 中古車販売店が押さえておくべき減価償却のポイントは

Answer Point

♤商品車両仕入時との処理の違いを押さえましょう。

♤レンタカーは法定耐用年数が異なります。

♤少額資産の管理には注意が必要です。

♠減価償却資産と減価償却

　事業用として使用される建物、建物附属設備、機械装置、器具備品、車両運搬具などの、時の経過等によってその価値が減少していく資産を「減価償却資産」といいます。

　この減価償却資産は、取得したタイミングで全額が費用になるのではなく、その資産の使用可能期間の全期間にわたって分割して費用化していくべきもので、この使用可能期間に当たるものとして「法定耐用年数」が財務省令の別表に定められています。

　減価償却とは、減価償却資産の取得に要した金額を「定額法」や「定率法」といった一定の方法によって各年度の費用として配分していく手続きのことをいいます。

♠中古車販売業と減価償却

　減価償却の計算方法については、国税庁のホームページなどに詳しく掲載されていますので、具体的な解説は割愛し、ここでは中古車販売業者が頭を悩ませることの多い「社用車」や「レンタカー」といった車両運搬具に関する減価償却の注意点などを中心にご紹介していきます。

⑴　商品車両と社用車の取得時の処理の違い

　下取りや買取りなどで販売用の商品車両を仕入れた場合には、Q 38 でご紹介したとおり「中古車仕入高」と「R 預託金仕入高」という費用科目を用いて仕訳処理を行うこととなります。

【図表129　商品車両を仕入れた場合の仕訳処理】

日付	借　方		貸　方		摘　要
－	車両仕入高	×××	現金	×××	車両代金
	R預託金仕入高	××			リサイクル預託金

　一方、商品車両ではなく、社用車などの用途で使用する車両を取得した場合には、車両代金部分は「車両運搬具」として、リサイクル預託金部分は、「リサイクル預託金」として、それぞれ資産計上を行います。

【図表130　社用車を取得した場合の仕訳処理】

日付	借　方		貸　方		摘　要
－	車両運搬具	×××	現金	×××	車両代金
	リサイクル預託金	××			リサイクル預託金

　なお、リサイクル預託金部分の処理科目は、「預託金」「預け金」といった科目名でも問題はありません。

⑵　レンタカーの法定耐用年数

　減価償却を行う際に用いる「法定耐用年数」は、図表131のとおり財務省令の別表に定められています。

【図表131　車両運搬具の法定耐用年数（抜粋）】

構造または用途	細目				耐用年数
運送事業用・貸自動車業用・自動車教習所用の車両・運搬具	自動車（二輪または三輪自動車を含み、乗合自動車を除く）	小型車（貨物自動車にあっては積載量が2t以下、その他のものにあっては総排気量が2ℓ以下）			3年
		その他のもの	大型乗用車（総排気量が3ℓ以上）		5年
			その他のもの		4年
前掲以外のもの	自動車（二輪または三輪自動車を除く）	小型車（総排気量が0.66ℓ以下）			4年
		その他のもの	貨物自動車	ダンプ式のもの	4年
				その他のもの	5年
			報道通信用のもの		5年
			その他のもの		6年
	二輪または三輪自動車				3年

　通常の社用車の場合、普通車であれば6年、軽自動車であれば4年という法定耐用年数を適用して減価償却を行いますが、レンタカー事業用として「わナンバー」登録される車両は、貸自動車業用の自動車として、その総排気量に応じて3〜5年の法定耐用年数が適用されますので、注意が必要です。

♠中古車の耐用年数

　中古車を取得して減価償却をする場合には、その車両の耐用年数は、法定耐用年数ではなく、残りの使用可能期間として見積もられる年数を採用することができます。実務上は、合理的かつ客観的な使用可能期間の見積りは困難なため、別途認められている「簡便法」により算定した年数を用いて減価償却を行います。

【図表132　簡便法による中古耐用年数の計算】

区分	耐用年数の計算式
法定耐用年数の全部を経過した資産	法定耐用年数×20%
法定耐用年数の一部を経過した資産	（法定耐用年数－経過年数）＋経過年数×20%

　なお、簡便法により算出した年数に1年未満の端数があるときは、その端数を切り捨て、その年数が2年に満たない場合には2年とします。

♠少額な減価償却資産の固定資産台帳管理

　減価償却資産のうち取得価額が少額なものについては、税務上、図表133のような特例的な取り扱いが認められています。

【図表133　金額が少額な場合の減価償却資産の特例】

区分	少額の減価償却資産	一括償却資産	少額減価償却資産の特例
対象者	すべての事業者	すべての事業者	青色申告を行う中小企業者等
金額基準	10万円未満	10万円以上20万円未満	10万円以上30万円未満
償却方法	即時償却	3年間での均等償却	年間合計300万円まで即時償却

　しかし、即時償却や均等償却を適用した資産は、会計・税務ソフトの固定資産台帳には個別登録されないため、社用車やレンタカー事業用車両などを数多く保有する場合には、固定資産台帳や在庫車両棚卸表とは別に、図表134のような「保有車両一覧表」を作成して管理するようにしましょう。

【図表134　在庫車以外の保有車両一覧表】

保有車両一覧表

No.	取得日	年式・車名	用途	取得価額	R預託金	償却方法	耐用年数	備考
1	H30.4.1	H28_○○○1.8	レンタカー	968,080	11,920	定率法	2年	わ12-34
2	R3.6.30	H23_△△△1.3	社用車	239,590	10,410	少額特例	－	さ56-78
	合計			1,207,670	22,330	－	－	－

Q 72 電子帳簿保存法ってどういうこと

Answer Point

♤電子帳簿保存法は令和４年に大幅改正されています。

♤電子保存の義務化は令和６年から本格的にスタートしました。

♤電子帳簿保存法は３本の柱から成っています。

♠電子帳簿保存法とは

　電子帳簿保存法は、各税法で原則として紙での保存が義務づけられている税務関係帳簿書類のデータ保存を可能とする法律で、同法に基づく各制度を利用することで、経理のデジタル化を図ることができます。

　また、取引に関する書類に通常記載される情報（取引情報）を含む電子データをやり取りした場合の、当該データに関する保存義務やその保存方法等についても同法により定められています。

♠電子帳簿保存法の背景

　令和３年までの電子帳簿保存法は、税務関係帳簿書類をデータ保存するためには所轄税務署長の承認が必要となるなど、中小事業者にとっては非常にハードルが高く、デジタル化の普及率も振るいませんでした。そこで令和４年に大幅な改正が行われ、税務署長の事前承認制度の廃止や、スキャンや保存に関する要件緩和などが行われ、中小事業者でも負担なく経理のデジタル化を進めることができるようになりました。

　しかし一方で、メール添付の請求書やネット通販の領収書といった電子取引データについては、電子帳簿保存を行っているか否かに関わらず、紙で印刷して保存しておく方法ではなく、電子的な方法での保存が義務づけられ、経理実務担当者の事務負担が大幅に増加することとなりました。

　なお、この電子取引データの保存義務化は、準備期間が短かったこともあり、多くの経理実務担当者の混乱を招く結果となったため、新制度が開始す

る直前の令和3年12月に公表された令和4年度税制改正大綱により、「電子取引における電子保存の義務化」に2年間の宥恕期間が認められることが発表されました。こうして宥恕期間が満了する2年後の令和6年から、「電子取引における電子保存の義務化」が本格的にスタートすることになりました。

♠電子帳簿保存法の3本の柱

電子帳簿保存法は、税務関係帳簿書類のデータ保存を可能とするための「電子帳簿・電子書類保存」「スキャナ保存」と、電子取引データの保存を義務付ける「電子取引データ保存」の3本の柱から成り、特に「電子取引データ保存」については、個人事業主か法人かを問わずすべての事業者に義務づけられている項目となりますので、その保存方法等について確認が必要です。

1　電子帳簿・電子書類保存

会計ソフト等パソコンを使用して電子的に作成した帳簿や書類は、最低限の要件を満たすことで、印刷をせずに電子データのまま保存することができます。

2　スキャナ保存

紙で受領した領収書や請求書などを、その書類自体を保存する代わりに、スマホやスキャナで読み取った電子データで保存することができます。

3　電子取引データ保存

領収書や請求書などに関する電子データを送付または受領した場合には、その電子データを一定の要件を満たした形で保存することが義務づけられています。

【図表135　電子帳簿保存法の3本の柱】

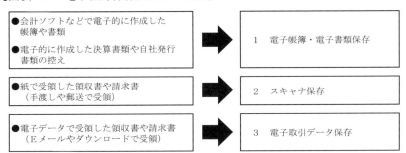

Q 73 電子帳簿保存法の電子帳簿・電子書類保存のポイントは

Answer Point

♤会計ソフトで作成した帳簿などは電子保存が認められています。

♤電子保存の条件は最低限の内容になりました。

♤優良な電子帳簿は税制上の優遇を受けることができます。

♠帳簿・書類の電子データ保存

　電子帳簿保存法の下では、文書保存の負担軽減を図る観点から、税法上保存が義務づけられている帳簿・書類をパソコン等で作成した場合は、プリントアウトせずに、作成した電子データのまま保存することができます。

　また、一定の要件を満たした電子帳簿の備え付け及び保存をすることで、税制上の優遇を受けることもできます。

♠電子データ保存の対象となる帳簿・書類

　電子データ保存の対象となる具体的な帳簿・書類は次のとおりです。

①会計ソフトで作成している仕訳帳、総勘定元帳、経費帳、売上帳、仕入帳などの帳簿

②会計ソフトで作成した損益計算書、貸借対照表などの決算関係書類

③パソコンで作成した見積書、請求書、納品書、領収書などを取引相手に紙で渡したときの書類の控え

　なお、取引先から紙で受け取った書類やデータをプリントアウトした後に加筆した書類（決算関係書類を除きます）などについては、Q 74 でご紹介する「スキャナ保存」制度を利用してデータで保存することができます。

♠会計ソフトで作成した帳簿をデータ保存するための要件

　令和４年の改正により、電子データ保存の開始に当たって所轄税務署長の事前承認などの特別な手続は不要となり、会計ソフトで作成した帳簿は、次

の要件を満たせば電子データのまま保存することができます。

①システムの説明書やディスプレイ等を備え付けていること

②税務職員からのデータの「ダウンロードの求め」に応じることができること

　なお、データで保存できる帳簿は、正規の簿記の原則（一般的には複式簿記）に従って作成されている帳簿に限られます。

♠優良な電子帳簿

　一定の帳簿を訂正削除履歴が残るなどの要件を満たした「優良な電子帳簿」として保存している場合には、後からその電子帳簿に関連する過少申告が判明しても過少申告加算税が５％軽減される優遇措置を受けることができます（あらかじめ届出書を提出している必要があります）。

　また、個人事業者については、この「優良な電子帳簿」の保存が青色申告特別控除（65万円）の適用を受けるための要件の１つになっています。

【図表136　電子帳簿・電子書類保存のルール一覧】

要件概要	帳簿 優良	帳簿 その他	書類
記録事項の訂正・削除を行った場合には、これらの事実及び内容を確認できる電子計算機処理システムを使用すること	○	—	—
通常の業務処理期間を経過した後に入力を行った場合には、その事実を確認できる電子計算機処理システムを使用すること	○	—	—
電子化した帳簿の記録事項とその帳簿に関連する他の帳簿の記録事項との間において、相互にその関連性を確認できること	○	—	—
システム関係書類等（システム概要書、システム仕様書、操作説明書、事務処理マニュアル等）を備え付けること	○	○	○
保存場所に、電子計算機、プログラム、ディスプレイ、プリンタ及びこれらの操作マニュアルを備え付け、記録事項を画面・書面に整然とした形式及び明瞭な状態で速やかに出力できるようにしておくこと	○	○	○
検索要件 ① 取引年月日、取引金額、取引先により検索できること	○	○	— ※3
検索要件 ② 日付又は金額の範囲指定により検索できること	○ ※1	○	— ※3
検索要件 ③ 2以上の任意の記録項目を組み合わせた条件により検索できること	○ ※1	○	—
税務職員による質問検査権に基づく電子データのダウンロードの求めに応じることができるようにしておくこと	— ※1	○ ※2	○ ※3

※1　検索要件①～③について、ダウンロードの求めに応じることができるようにしている場合には、②③の要件が不要。

※2　「優良」欄の要件を全て満たしているときは不要。

※3　取引年月日その他の日付により検索ができる機能及びその範囲を指定して条件を設定することができる機能を確保している場合には、ダウンロードの求めに応じることができるようにしておくことの要件が不要。

Q74 電子帳簿保存法のスキャナ保存のポイントは

Answer Point

♤一定の要件を満たすことで書類のスキャナ保存が認められています。

♤スキャナ保存を行うことで多くのメリットが生じます。

♤対応ソフトの導入によりスキャナ保存の要件を満たすことができます。

♠書類のスキャナ保存

電子帳簿保存法の下では、文書保存の負担軽減を図る観点から、税法上保存が義務づけられている書類を一定の要件を満たすことで、紙のままではなく、スキャナで読み取った電子データの形式で保存することができます。

♠スキャナ保存の対象となる書類

スキャナ保存の対象となる具体的な書類は次のとおりです。

①取引相手から紙で受け取った書類

②自己が手書などで作成して取引相手に紙で渡す書類の写し類

例えば、契約書、見積書、注文書、納品書、検収書、請求書、領収書などがこれに該当します。

♠スキャナ保存のメリット

スキャナ保存を行うことで、読み取った後の紙の書類を廃棄できるため、紙の書類のファイリング作業や保存スペースが不要になります。また、紙で受け取った領収書などをスマホで読み取って経理担当に送付することで書類の受け渡しから保存までをスキャンデータのみで行うことができるため、経理担当がテレワークをしやすくなるというメリットも生じます。

また、スキャナ保存を始めるための特別な手続は、原則として必要ないため、任意のタイミングでスキャナ保存を始めることができます。ただし、スキャナ保存を始めた日より前に作成・受領した重要書類（過去分重要書類）をスキャ

ナ保存する場合は、あらかじめ税務署に届出書を提出する必要があります。

♠スキャナ保存のルールと方法

　スキャナ保存を、様々なルールを満たしたうえで導入するためには、対応ソフトを使用することが一般的です。ルールに従って保存できる対応ソフトか否かを確認する方法は、国税庁ホームページに掲載されていますので、ソフトを導入する際には確認するとよいでしょう。

【図表137　スキャナ保存のルール一覧】

ルール／書類の区分	重要書類 (資金や物の流れに直結・連動する書類)	一般書類 (資金や物の流れに直結・連動しない書類)
書類の例	契約書、納品書、請求書、領収書　　　など	見積書、注文書、検収書　　　など
入力期間の制限	次のどちらかの入力期間内に入力すること ①早期入力方式 　書類を作成または受領してから、速やかに(おおむね7営業日以内)にスキャナ保存する ②業務処理サイクル方式 　それぞれの企業において採用している業務処理サイクルの期間(最長2か月以内)を経過した後、速やかに(おおむね7営業日以内)にスキャナ保存する ※ ②の業務処理サイクル方式は、企業において書類を作成または受領してからスキャナ保存するまでの各事務の処理規程を定めている場合のみ採用できます ※ 一般書類の場合は、入力期間の制限なく入力することもできます(注)	
一定の解像度による読み取り	解像度200dpi相当以上で読み取ること	
カラー画像による読み取り	赤色、緑色及び青色の階調がそれぞれ256階調以上(24ビットカラー)で読み取ること ※ 一般書類の場合は、白黒階調(グレースケール)で読み取ることもできます(注)	
タイムスタンプの付与	入力期間内に、総務大臣が認定する業務に係るタイムスタンプ(※1)を、一の入力単位ごとのスキャナデータに付すこと ※1 スキャナデータが変更されていないことについて、保存期間を通じて確認することができ、課税期間中の任意の期間を指定し、一括して検証することができるものに限ります ※2 入力期間内にスキャナ保存したことを確認する場合には、このタイムスタンプの付与要件に代えることができます	
ヴァージョン管理	スキャナデータについて訂正・削除の事実やその内容を確認することができるシステム等又は訂正・削除を行うことができないシステム等を使用すること	
帳簿との相互関連性の確保	スキャナデータとそのデータに関連する帳簿の記録事項との間において、相互にその関連性を確認することができるようにしておくこと	(不要)
見読可能装置等の備付け	14インチ(映像面の最大径が35cm)以上のカラーディスプレイ及びカラープリンタ並びに操作説明書を備え付けること ※ 白黒階調(グレースケール)で読み取った一般書類は、カラー対応でないディスプレイ及びプリンタでの出力で問題ありません(注)	
速やかに出力すること	スキャナデータについて、次の①〜④の状態で速やかに出力することができるようにすること ① 整然とした形式 ② 書類と同程度に明瞭 ③ 拡大又は縮小して出力することができる ④ 4ポイントの大きさの文字を認識できる	
システム概要書等の備付け	スキャナ保存するシステム等のシステム概要書、システム仕様書、操作説明書、スキャナ保存する手順や担当部署などを明らかにした書類を備え付けること	
検索機能の確保	スキャナデータについて、次の要件による検索ができるようにすること ① 取引年月日その他の日付、取引金額及び取引先での検索 ② 日付又は金額に係る記録項目について範囲を指定しての検索 ③ 2以上の任意の記録項目を組み合わせての検索 ※ 税務職員による質問検査権に基づくスキャナデータのダウンロードの求めに応じることができるようにしている場合には、②及び③の要件は不要	

(注) 一般書類向けのルールを採用する場合は、事務の手続(責任者、入力の順序や方法など)を明らかにした書類を備え付ける必要があります。

Q75 電子帳簿保存法の電子取引データ保存のポイントは

Answer Point

♤電子取引データ保存は任意ではなく義務です。

♤簡易的な方法を活用し実務負担を減らしましょう。

♤対応が難しい場合には猶予措置を利用しましょう。

♠電子取引データの保存

　電子帳簿保存法の下では、申告所得税・法人税に関して帳簿・書類を保存する義務のある事業者が、注文書、契約書、送り状、領収書、見積書、請求書などに相当する電子データをやりとりした場合には、その電子データを保存しなければなりません。

♠データ保存が必要な電子取引データ

　データ保存が必要となるのは、契約書や領収書など紙でやりとりしていた場合に保存が必要な書類に相当するデータを「データでやりとり」したものであり、紙でやりとりしたものをデータ化しなければならない訳ではありません。

　なお、受け取った場合だけでなく、送った場合にも保存する必要がありますので注意が必要です。

♠データ保存の方法

　データを保存する際には、次のとおり行う必要があります。

①改ざん防止のための措置をとる

②「日付・金額・取引先」で検索できるようにしておく

③ディスプレイやプリンタ等を備えつけておく

　なお、保存するファイル形式は問いませんので、ＰＤＦに変換したものや、スクリーンショットでも問題ありません。

♠簡易的な改ざん防止のための措置

　電子取引データ保存で必要となる改ざん防止のための措置は、タイムスタンプの付与や訂正・削除履歴が残るシステムを導入する等の方法で行うのが一般的ですが、「改ざん防止のための事務処理規程」を定めることでシステム費用等をかけずに行うことができます。

　なお、「改ざん防止のための事務処理規程」のサンプルは、国税庁ホームページに掲載されていますので、参考にするとよいでしょう。

♠簡易的な検索要件の付与

　電子取引データ保存で必要となる検索要件は、専用システムを導入することで付与することができますが、簡易的な方法として次のいずれかの方法で対応することができます。

①表計算ソフト等で索引簿を作成する方法

　エクセルなどの表計算ソフトを用いて索引簿を作成し、その表計算ソフト等の機能を使って検索する方法です。

②規則的なファイル名を付す方法

　データのファイル名に規則性をもって「日付・金額・取引先」を入力し、特定のフォルダに集約しておくことで、フォルダの検索機能が活用できるようにする方法です。

　なお、簡易的な方法で検索要件を付与した場合には、税務調査の際に、職員からの電子取引データのダウンロードの求めに応じることができるようにしておく必要があります。

♠猶予措置

　電子取引データ保存の一定のルールに従って電子取引データを保存することができなかったことについて、「人手不足」「システム整備が間に合わない」といった相当の理由があると所轄税務署長が認める場合には、事前申請等は不要で、「電子取引データを消さずに保存しつつ、税務調査などの際に、電子取引データや電子取引データをプリントアウトした書面を渡せるようにしておくだけでよい」という猶予措置が講じられています。

著者略歴────────────────────────

酒井　将人（さかい　まさと）

・税理士。
・自動車業界特化型税理士事務所 OFFICE M.N GARAGE　代表。
・昭和 54 年 大阪府生まれ。奈良県生駒市出身。

大手中古車販売店での営業スタッフから税理士に転向したという異色の経
歴を持つ。自動車・バイクをこよなく愛し、税理士に転向した後には、自
動車業界特化型の税理士事務所を立ち上げ、自動車業界で活躍する方々の
経営サポートや業務改善に注力する傍ら、自動車業界活性化のための活動
を積極的に行っている。

自動車業界特化型税理士事務所 OFFICE M.N GARAGE
〒 171-0021 東京都豊島区西池袋 4-19-8 セピア西池袋 1 階
TEL：03-5936-5163　　　FAX：03-5936-5162
http://www.mn-tax.jp/garage/
E-mail：omng@mn-tax.jp

2024年6月改訂
いまさら人に聞けない「中古車販売業」の経営・会計・税務　Q＆A

2016年7月27日	初版発行	2018年11月29日	第7刷発行
2019年8月28日	改訂版発行	2020年12月15日	改訂版第3刷発行
2021年9月13日	改訂2版発行	2023年10月18日	改訂2版第5刷発行
2024年7月30日	改訂3版発行		

著　者　酒井　将人　Ⓒ Masato Sakai

発行人　森　　忠順

発行所　株式会社 セルバ出版
　　　　〒113-0034
　　　　東京都文京区湯島1丁目12番6号 高関ビル5B
　　　　☎ 03（5812）1178　FAX 03（5812）1188
　　　　https://seluba.co.jp/

発　売　株式会社 三省堂書店 / 創英社
　　　　〒101-0051
　　　　東京都千代田区神田神保町1丁目1番地
　　　　☎ 03（3291）2295　FAX 03（3292）7687

印刷・製本　株式会社丸井工文社

Printed in JAPAN
ISBN978-4-86367-906-1